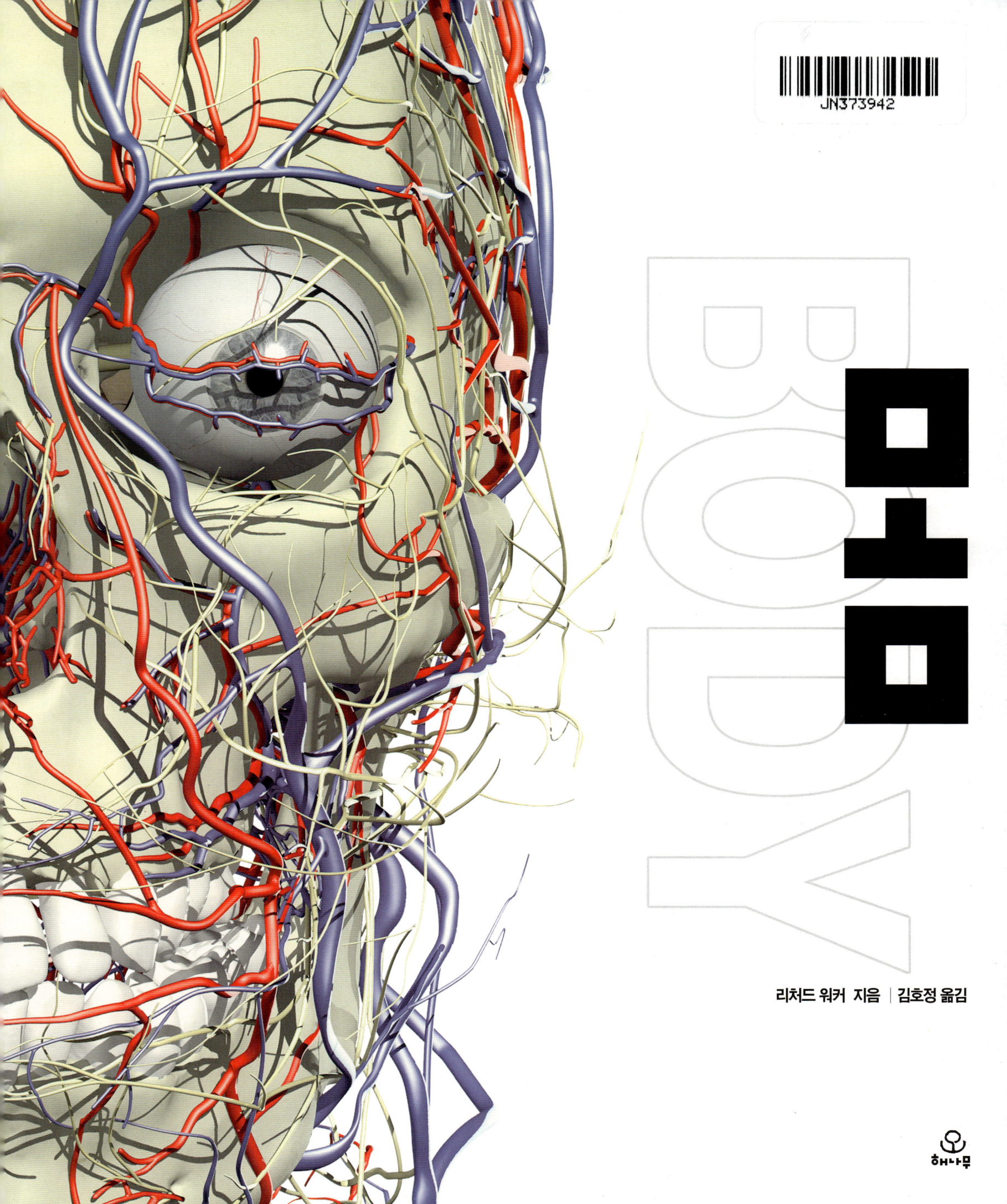

몸
BODY

리처드 워커 지음 | 김호정 옮김

지은이 리처드 워커
고등학교와 대학에서 생물학과 해부학을 가르쳤고, 어벤티스 상을 받은 『몸 가이드』를 썼다. 그 밖에도 『우리 몸 탐험』 『유전자와 DNA』 등 어른과 아이를 위한 건강과 과학에 대한 책도 다수 집필했다.

옮긴이 김호정
연세대학교 의과대학을 졸업하고, 연세대학교·건국대학교·서남대학교 의과대학 해부학교실과 서울 국립과학수사연구소 법의학과에서 연구원으로 활동했다. 현재 가톨릭관동대학교 의과대학 해부학교실 교수이다. 공저로 대한해부학회에서 펴낸 『해부학용어』와 『국소해부학』 등이 있다.

몸

1판 1쇄	2007년 3월 10일
1판 6쇄	2016년 5월 20일
지은이	리처드 워커
옮긴이	김호정
펴낸이	김정순
펴낸곳	(주)북하우스 퍼블리셔스
책임편집	노일환 한아름
디자인	이승욱 이주영
출판등록	1997년 9월 23일 제406-2003-055호
주 소	04043 서울시 마포구 양화로 12길 16-9(서교동 북앤드빌딩)
전자우편	henamu@hotmail.com
전화번호	02) 3144-3123
팩 스	02) 3144-3121

ISBN 89-89799-58-9 03470

Body
Copyright ⓒ 2005 by Dorling Kindersley Ltd.
All rights reserved.
Korean translation copyright ⓒ 2007 Bookhouse publishers Co.
This Korean edition was published by arrangement with Dorling Kindersley Limited.

Printed and bound in China by Hung Hing

이 책의 한국어판 저작권은 Dorling Kindersley Limited와 독점 계약한 (주)북하우스 퍼블리셔스에 있습니다. 저작권법에 의해 한국 내에서 보호를 받는 저작물이므로 무단 전재와 복제를 금합니다.

이 도서의 국립중앙도서관 출판예정도서목록(CIP)은 서지정보유통지원시스템 홈페이지(http://seoji.nl.go.kr)와 국가자료공동목록시스템(http://www.nl.go.kr/kolisnet)에서 이용하실 수 있습니다.

A WORLD OF IDEAS:
SEE ALL THERE IS TO KNOW

www.dk.com

차례

시작하기 전에	4
3차원 영상 만들기	6

1 신체계   8

골격계	10
근육계	12
신경계	14
심혈관계	16
내분비계	18
림프계	20
피부, 털, 손톱과 발톱	22

2 머리   24

머리와 목	26
뇌와 척수	28
머리뼈와 이	30
머리 근육	32
혀와 코	34
귀	36
눈	38
입과 목구멍	40

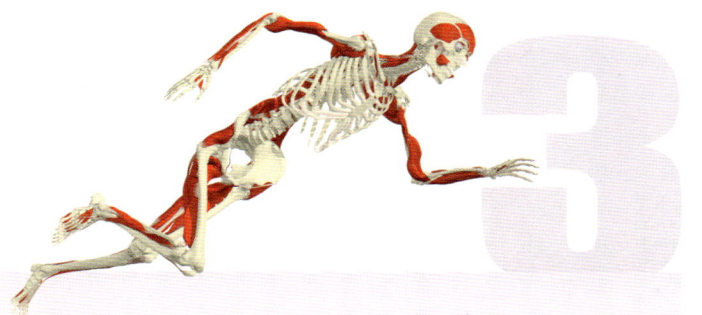
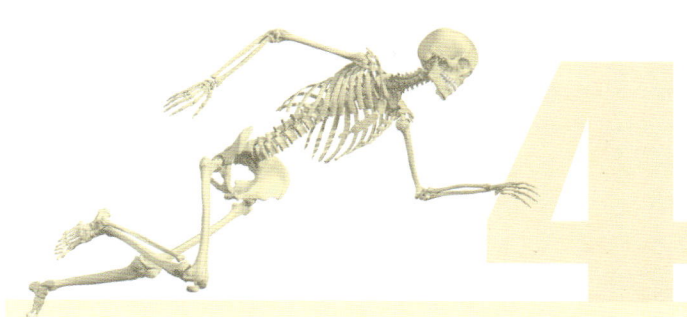

윗몸 42

가슴	44
심장	46
호흡계	48
폐	50
어깨	52
팔과 팔꿈치	54
손과 손목	56
척주와 등	58
몸통 근육	60
배	62
소화계	64
위	66
간과 쓸개주머니	68
창자	70
골반	72
신장과 방광	74
여성 생식기	76
남성 생식기	78

아랫몸 80

엉덩이	82
다리 근육	84
넓적다리	86
무릎과 종아리	88
발과 발목	90
용어 해설	**92**
옮긴이의 말	**94**
찾아보기	**95**

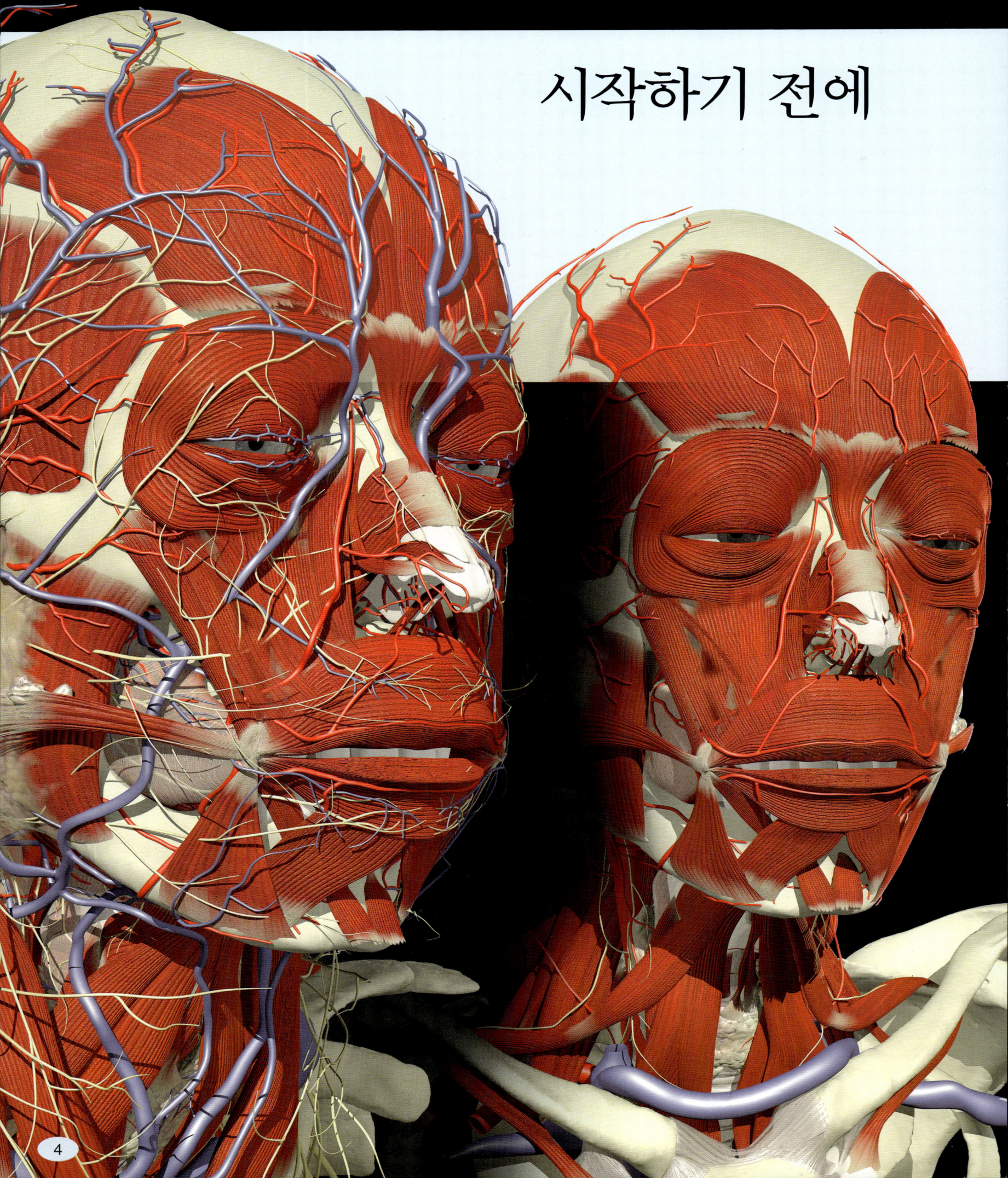

시작하기 전에

우리 몸은 기계와 정말 비슷하다. 그러나 인간이 만들어낼 수 있는 어떤 기계보다 더 복잡하며 잘 만들어졌다. 우리 뇌는 어떤 컴퓨터보다 많은 계산을 할 수 있고, 어떤 컴퓨터도 할 수 없는 생각을 할 뿐만 아니라 감정도 느낄 수 있다. 우리 몸의 뼈는 강철보다 여섯 배나 강한 물질로 만들어져 있고, 우리의 후각과 시각은 인간이 만든 어떤 기계보다 섬세하고 정확하다. 우리는 에너지를 얻기 위해 여러 가지 연료를 사용할 수 있으며 매우 적은 연료로 오랫동안 버틸 수 있다. 인간과 기계의 가장 큰 차이점은 인간에겐 자녀를 낳고 몸을 스스로 치유하는 능력이 있다는 것이다. 나는 과거 몇 년 동안 의사로 일하면서 생체공학을 이용하여 손상된 기관과 팔다리를 대체할 수 있는 인공신체를 개발하려는 시도를 보아왔다. 그러나 자연이 준 것만큼 좋은 것은 없었다.

이 책은 우리 몸이 얼마나 복잡하게 작동하는지 알려준다. 정교하게 들어맞는 뼈, 온몸에 피를 공급하는 수만 킬로미터의 핏줄, 음식을 소화하고 배설물을 처리하는 놀라운 소화계를 보여준다. 인간은 우리 몸처럼 좋은 기계를 만들지는 못했지만 몸의 내부를 보다 잘 볼 수 있는 기계를 만들었다. 이 책에 나오는 매혹적인 그림은 초현대식 단층촬영기와 컴퓨터가 있었기에 가능했다. 우리는 이 그림들을 보면서 우리 몸이 얼마나 뛰어난지, 그리고 왜 우리 몸을 잘 보살펴야 하는지를 알게 될 것이다.

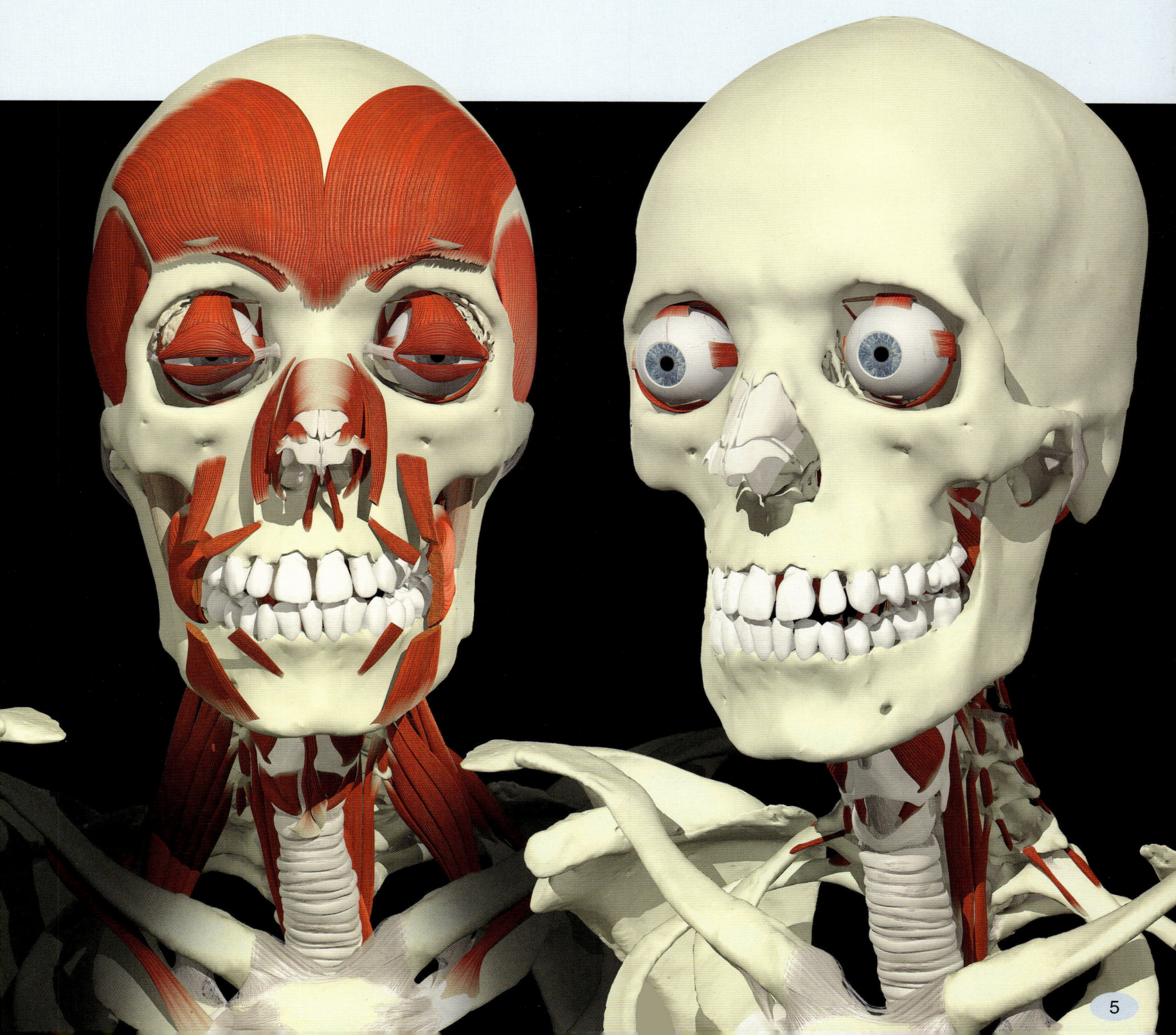

3차원 영상 만들기

이 책에는 그동안 어느 곳에서도 볼 수 없었던 놀라운 영상들이 펼쳐진다. 왼쪽에 보이는 3차원(3D) 영상은 실제 인간의 몸을 현대 과학기술로 재현한 것이다. 이 가상 인간은 컴퓨터를 사용해 어떤 방향에서도 볼 수 있고, 조각으로 나누었다가 다시 원래대로 만들 수도 있다. 이 책은 몸의 세밀한 부분을 믿을 수 없을 만큼 자세히 보여주고, 우리 몸이 어떻게 이루어져 있는지 보다 쉽게 이해하게 해준다.

◀ 수평으로 자르기

3차원 영상을 만드는 첫 번째 단계는 기증받은 시체를 경화물질 속에 넣어 영하 94도의 매우 낮은 온도로 얼리는 것이다. 그 다음 매우 정밀한 절단기를 사용하여 머리에서 발끝까지 수평으로 절단하여 1밀리미터 두께의 인체 단면 표본을 만든다. 각 표본의 단면을 디지털 카메라로 촬영하여 컴퓨터에 저장한다.

머리의 수평 단면에서 뇌, 머리뼈, 코, 안구를 볼 수 있다.

라벨링

라벨링은 해부학자가 인체의 단면을 찍은 디지털 사진을 보고 몸 안에 있는 장기의 윤곽선을 추적하는 것을 말한다. 라벨링이 끝나면 컴퓨터가 연속적인 인체 단면 사진을 3차원의 철사프레임 모델로 만든다. 그 다음 철사프레임에 적절한 색깔과 질감을 만들어 넣어 실제와 비슷한 가상의 신체 기관을 완성한다. 오른쪽은 뇌의 라벨링 작업이다.

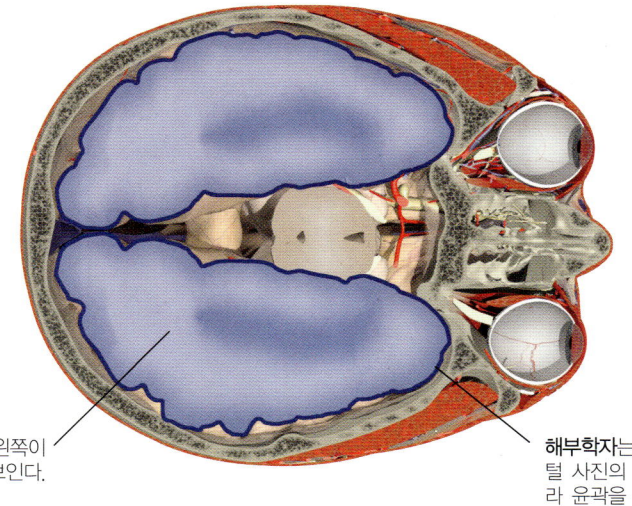

뇌의 오른쪽과 왼쪽이 밝게(선택되어) 보인다.

해부학자는 뇌의 디지털 사진의 테두리를 따라 윤곽을 추적한다.

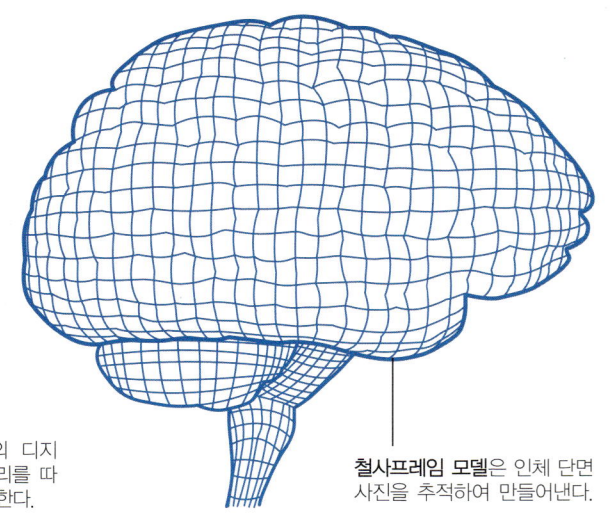

철사프레임 모델은 인체 단면 사진을 추적하여 만들어낸다.

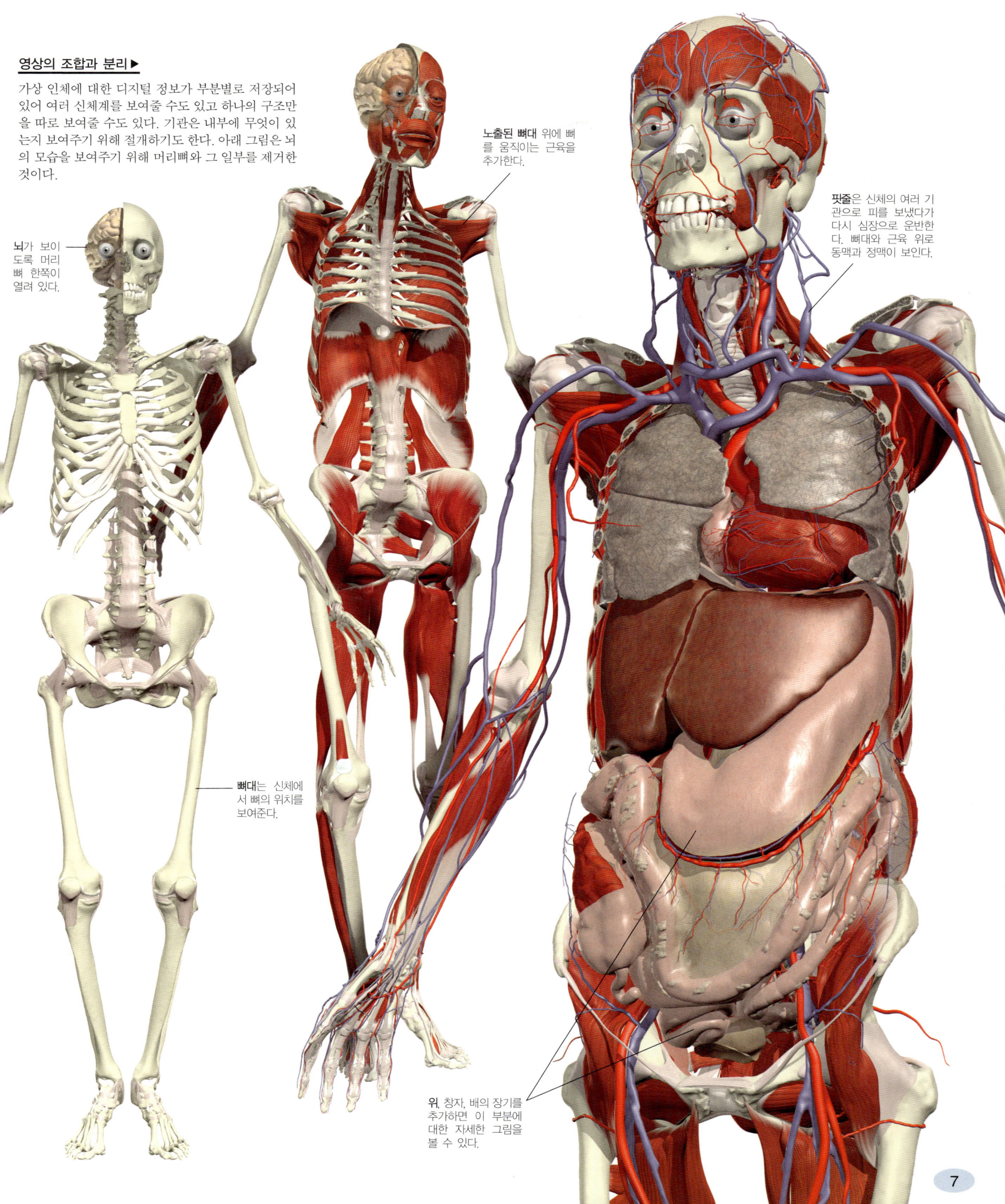

영상의 조합과 분리 ▶
가상 인체에 대한 디지털 정보가 부분별로 저장되어 있어 여러 신체계를 보여줄 수도 있고 하나의 구조만을 따로 보여줄 수도 있다. 기관은 내부에 무엇이 있는지 보여주기 위해 절개하기도 한다. 아래 그림은 뇌의 모습을 보여주기 위해 머리뼈와 그 일부를 제거한 것이다.

뇌가 보이도록 머리뼈 한쪽이 열려 있다.

노출된 뼈대 위에 뼈를 움직이는 근육을 추가한다.

핏줄은 신체의 여러 기관으로 피를 보냈다가 다시 심장으로 운반한다. 뼈대와 근육 위로 동맥과 정맥이 보인다.

뼈대는 신체에서 뼈의 위치를 보여준다.

위, 창자, 배의 장기를 추가하면 이 부분에 대한 자세한 그림을 볼 수 있다.

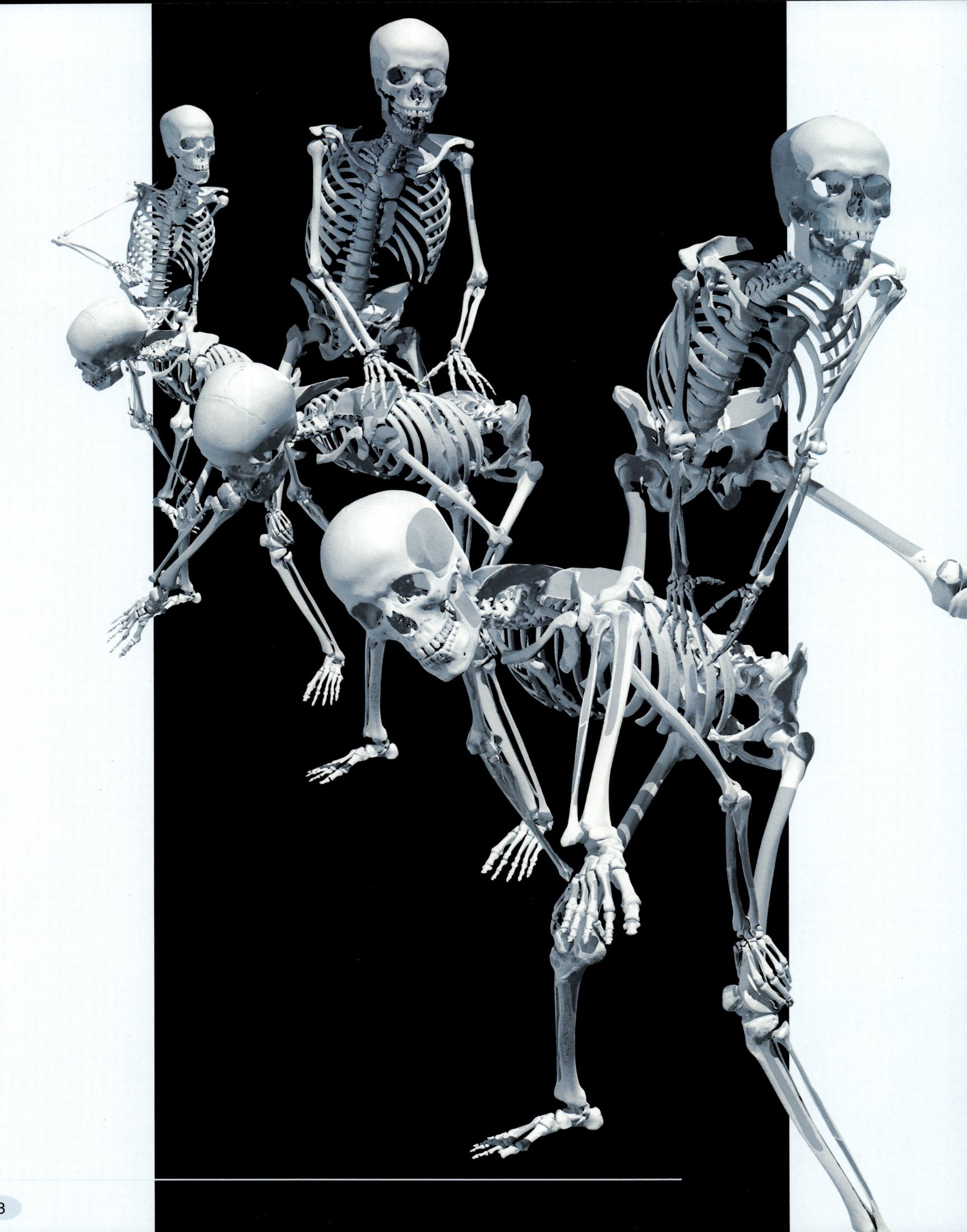

신체계

지금부터 시작되는 신체로의 여행은 완전한 인체를 구성하는 계통을 따라간다. 신체의 각 계통들은 몸을 보호하고, 받쳐주고, 조절하며, 영양을 공급한다.

골격계	10
근육계	12
신경계	14
심혈관계	16
내분비계	18
림프계	20
피부, 털, 손톱과 발톱	22

신체계

골격계

골격계가 없다면 우리 몸은 형태가 없어지고 축 늘어질 것이다. 골격계는 골격 또는 뼈대라고도 부르며, 우리 몸을 지지하고 형태를 만들어주는 206개의 뼈로 이루어져 있다. 사람들은 뼈를 마르고 부서지기 쉬운 것으로 생각하지만 실제로 뼈는 굉장히 강하고 촉촉하며 아주 가벼운 살아 있는 장기다. 뼈대는 심장이나 뇌와 같은 부드럽고 섬세한 장기를 둘러싸고 보호한다. 뼈는 서로 단단히 고정되어 있지 않으며, 둘 이상의 뼈가 만나는 곳에서 관절을 이룬다. 관절은 유연하며 뼈를 움직이게 해준다.

경첩관절 ▼
이름이 뜻하는 것처럼 이런 관절은 경첩처럼 움직이는데, 구부리거나 곧게 펴는 일을 한다. 무릎, 발목, 팔꿈치에 있다.

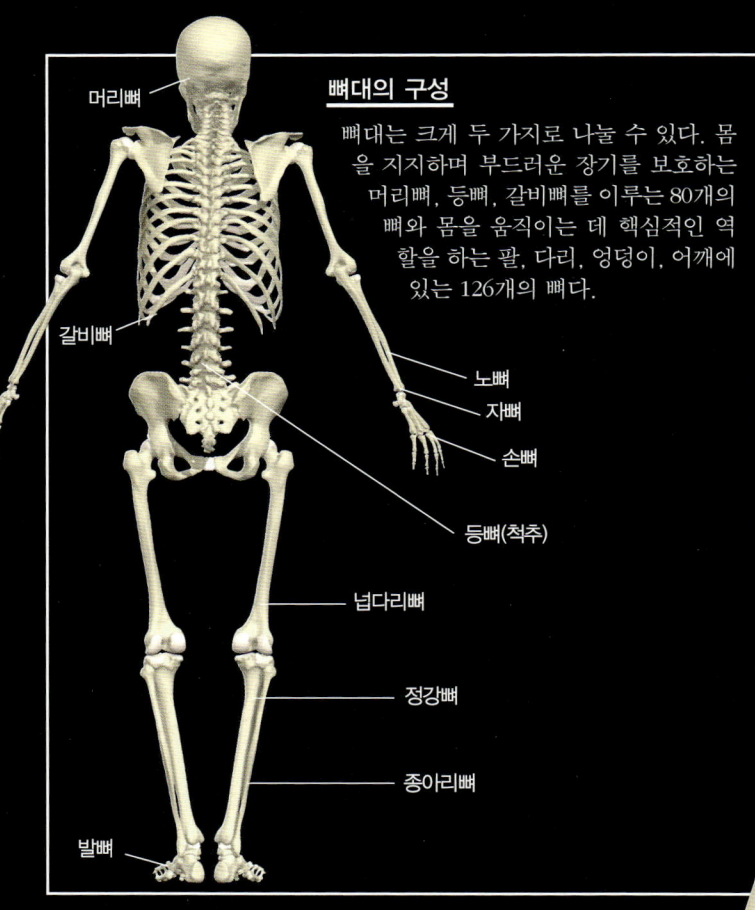

뼈대의 구성
뼈대는 크게 두 가지로 나눌 수 있다. 몸을 지지하며 부드러운 장기를 보호하는 머리뼈, 등뼈, 갈비뼈를 이루는 80개의 뼈와 몸을 움직이는 데 핵심적인 역할을 하는 팔, 다리, 엉덩이, 어깨에 있는 126개의 뼈다.

- 머리뼈
- 갈비뼈
- 노뼈
- 자뼈
- 손뼈
- 등뼈(척추)
- 넙다리뼈
- 정강뼈
- 종아리뼈
- 발뼈

무릎뼈(슬개골)는 다치지 않도록 무릎을 보호한다.

뼈는 강철보다 여섯 배나 더 튼튼하다

넙다리뼈(대퇴골)는 몸에서 가장 큰 뼈로 몸무게를 발로 전달한다.

정강뼈(경골)는 무릎과 발을 연결하는 길고 튼튼한 뼈다.

다리이음뼈(하지연결대)는 배의 기관을 지지하며 다리를 고정한다.

종아리뼈(비골)는 발목을 지지하는 길고 가느다란 뼈다.

▼ 타원관절
한쪽 뼈끝은 계란처럼 튀어나오고 다른 쪽 뼈는 여기에 맞도록 오목하게 생긴 관절이다. 타원관절은 손가락이나 발가락처럼 앞뒤로 구부리거나 옆으로 움직일 수 있다.

◀ 평면관절
미끄럼관절이라고도 한다. 뼈끝이 평평하고 약간의 미끄럼 운동이 가능하다. 발목뼈 사이와 손목뼈 사이에 있다.

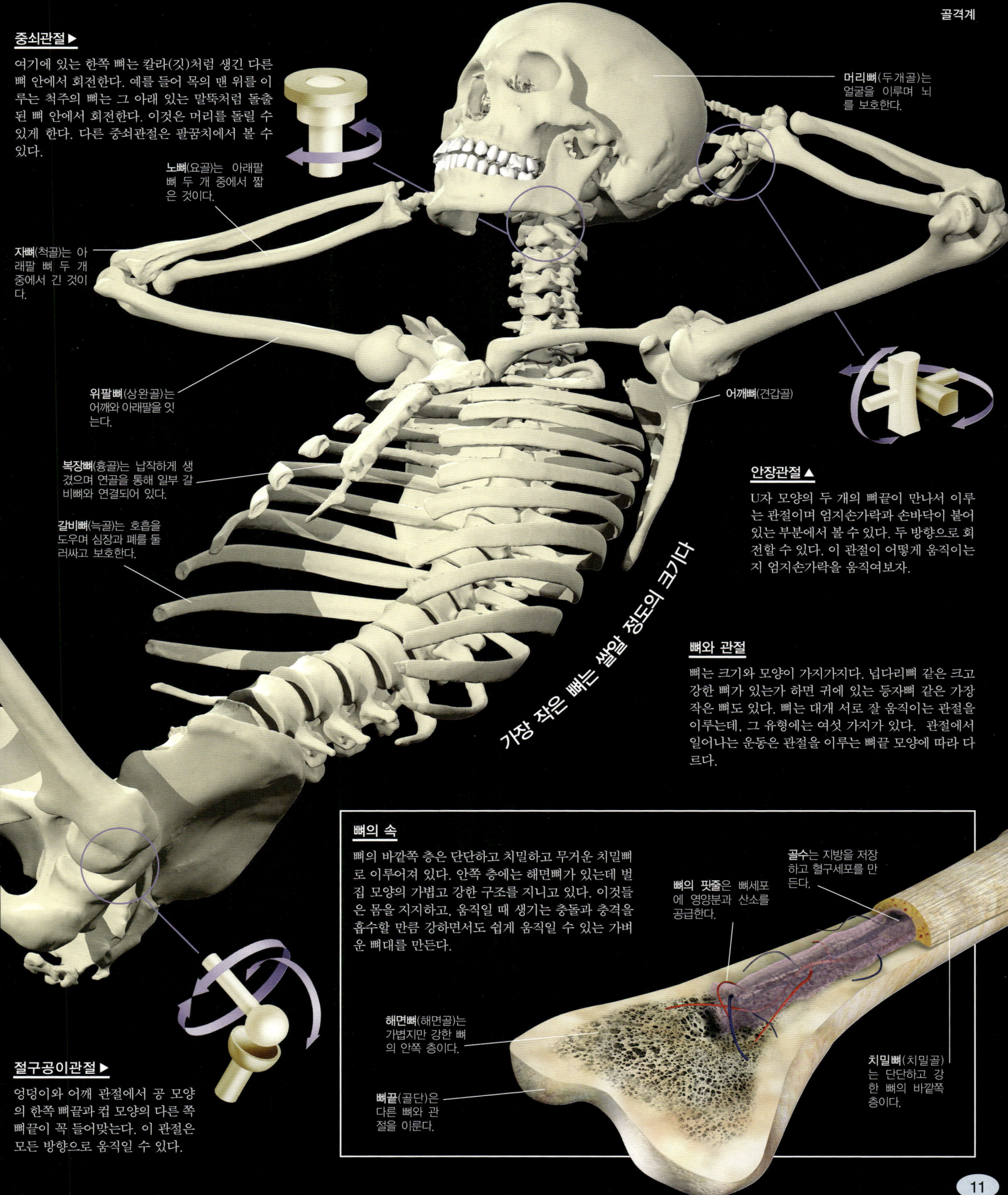

신체계

근육계

우리 몸의 모든 움직임은 근육계에 의해 일어난다. 근육은 근섬유라고 부르는 길다란 세포로 이루어져 있다. 근섬유는 움직일 때 수축하여 길이가 짧아진다. 근육계는 대부분 뼈대근으로 이루어져 있는데 그 무게는 몸무게의 절반에 이른다. 650개가 넘는 뼈대근이 층을 이루어 뼈대를 뒤덮고 있다. 뼈대근은 몸의 형태를 만들며 뼈에 붙어 잡아당기는 일을 한다. 근육이 수축함으로써 달리고 뛰며, 그 밖의 수천 가지 움직임을 만들어낼 수 있다. 그리고 몸 안에서 보이지 않은 채 일하는 또 다른 두 종류의 근육이 있다. 심장을 뛰게 하는 심장근육과 음식물과 다른 물질을 이동시키는 민무늬근육이다.

뒤에서 본 근육

우리 몸의 뒤에서 뼈를 감싸고 있는 근육은 많은 일을 한다. 머리와 등을 똑바로 세우고, 팔이 움직일 때 어깨가 흔들리지 않도록 하며, 팔을 곧게 펴고 뒤쪽으로 잡아당긴다. 또 무릎을 구부리고 발끝이 아래를 향하게 한다. 여기서는 뒤쪽에 있는 세 가지 주요 근육을 볼 수 있다.

등세모근(승모근)은 머리와 어깨를 뒤로 당긴다.

큰볼기근(대둔근)은 서고 걷고 기어오를 때 넓적다리가 똑바로 있도록 한다.

넙다리두갈래근(대퇴이두근)은 햄스트링근육의 하나로 무릎을 구부린다.

장딴지근(비복근)은 걷고, 발끝으로 설 때 발을 아래로 구부린다.

손가락폄근(지신근)은 손가락과 손목을 곧게 편다.

배가로근(복횡근)은 배의 장기를 보호하고 지지하는 안쪽 깊이에 있는 근육층이다.

배곧은근(복직근)은 王자 모양의 근육으로 몸통을 앞으로 구부리고 배를 안쪽으로 당긴다.

넙다리네갈래근(대퇴사두근)은 네 개의 큰 근육으로 이루어져 있는데 걷고 달리고 발로 걷어찰 때 무릎을 곧게 편다.

긴발가락폄근(장족지신근)은 발가락을 곧게 펴고 발을 위로 들어올린다.

넙다리빗근(봉공근)은 종아리를 돌리고 넓적다리와 무릎을 구부린다.

근육의 이름

근육의 이름을 처음 접하면 어렵게 느껴지지만 자세히 살펴보면 근육의 특징을 알 수 있다. 크기에 따라 '큰', '긴', '짧은' 같은 이름을 붙이기도 하고, 이마근과 볼근처럼 위치에 따라 이름을 붙이기도 한다. 모양의 특징에 따라 삼각형 모양의 근육을 세모근이라 부르며, 근육의 작용에 따라 관절을 구부리는 근육을 굽힘근, 관절을 곧게 펴는 근육을 폄근이라 부른다.

근육계

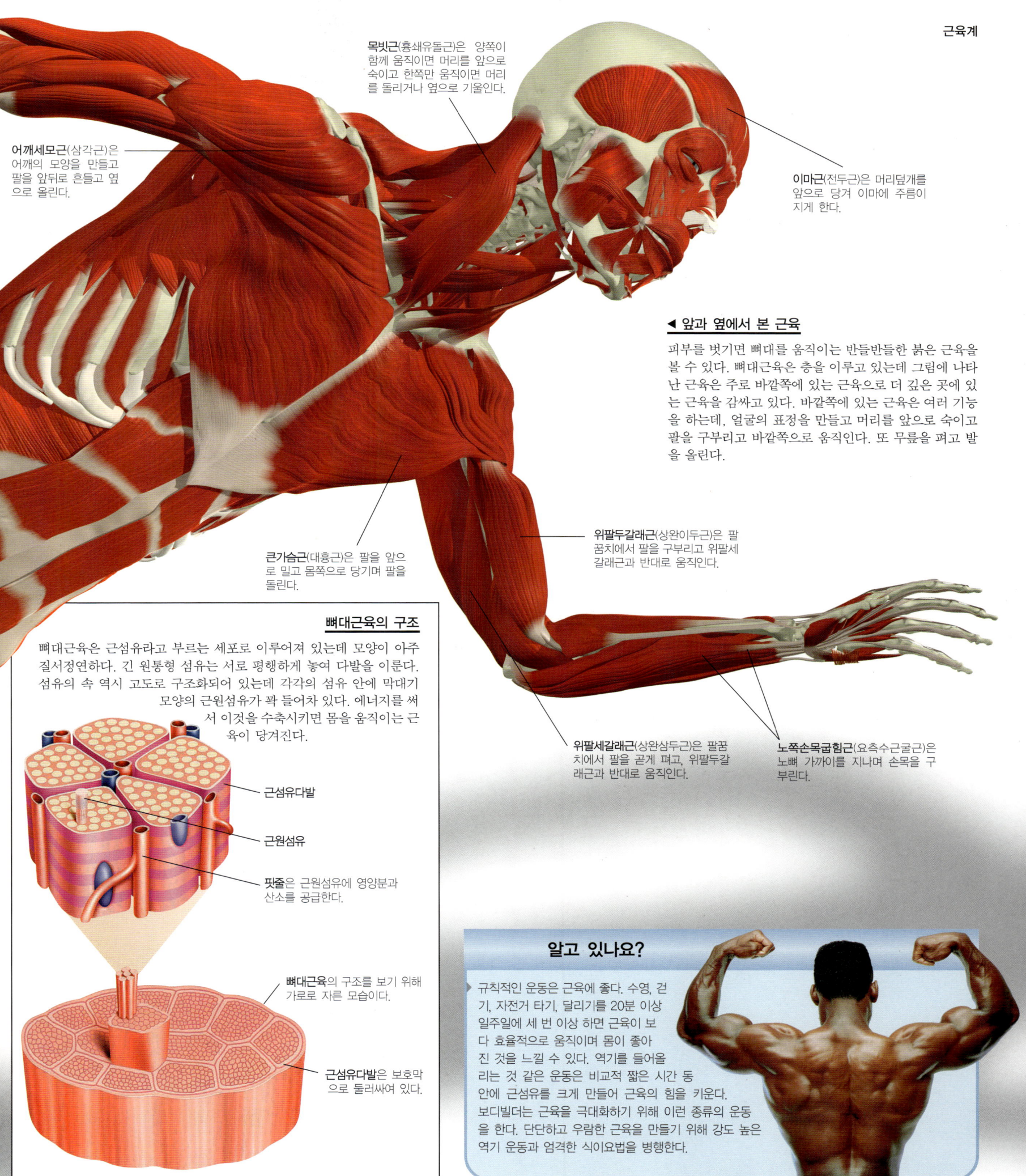

목빗근(흉쇄유돌근)은 양쪽이 함께 움직이면 머리를 앞으로 숙이고 한쪽만 움직이면 머리를 돌리거나 옆으로 기울인다.

어깨세모근(삼각근)은 어깨의 모양을 만들고 팔을 앞뒤로 흔들고 옆으로 올린다.

이마근(전두근)은 머리덮개를 앞으로 당겨 이마에 주름이 지게 한다.

◀ 앞과 옆에서 본 근육

피부를 벗기면 뼈대를 움직이는 반들반들한 붉은 근육을 볼 수 있다. 뼈대근육은 층을 이루고 있는데 그림에 나타난 근육은 주로 바깥쪽에 있는 근육으로 더 깊은 곳에 있는 근육을 감싸고 있다. 바깥쪽에 있는 근육은 여러 기능을 하는데, 얼굴의 표정을 만들고 머리를 앞으로 숙이고 팔을 구부리고 바깥쪽으로 움직인다. 또 무릎을 펴고 발을 올린다.

큰가슴근(대흉근)은 팔을 앞으로 밀고 몸쪽으로 당기며 팔을 돌린다.

위팔두갈래근(상완이두근)은 팔꿈치에서 팔을 구부리고 위팔세갈래근과 반대로 움직인다.

뼈대근육의 구조

뼈대근육은 근섬유라고 부르는 세포로 이루어져 있는데 모양이 아주 질서정연하다. 긴 원통형 섬유는 서로 평행하게 놓여 다발을 이룬다. 섬유의 속 역시 고도로 구조화되어 있는데 각각의 섬유 안에 막대기 모양의 근원섬유가 꽉 들어차 있다. 에너지를 써서 이것을 수축시키면 몸을 움직이는 근육이 당겨진다.

위팔세갈래근(상완삼두근)은 팔꿈치에서 팔을 곧게 펴고, 위팔두갈래근과 반대로 움직인다.

노쪽손목굽힘근(요측수근굴근)은 노뼈 가까이를 지나며 손목을 구부린다.

근섬유다발

근원섬유

핏줄은 근원섬유에 영양분과 산소를 공급한다.

뼈대근육의 구조를 보기 위해 가로로 자른 모습이다.

근섬유다발은 보호막으로 둘러싸여 있다.

알고 있나요?

▶ 규칙적인 운동은 근육에 좋다. 수영, 걷기, 자전거 타기, 달리기를 20분 이상 일주일에 세 번 이상 하면 근육이 보다 효율적으로 움직이며 몸이 좋아진 것을 느낄 수 있다. 역기를 들어올리는 것 같은 운동은 비교적 짧은 시간 동안에 근섬유를 크게 만들어 근육의 힘을 키운다. 보디빌더는 근육을 극대화하기 위해 이런 종류의 운동을 한다. 단단하고 우람한 근육을 만들기 위해 강도 높은 역기 운동과 엄격한 식이요법을 병행한다.

신체계

신경계

신경원(신경세포)은 서로 연결되어 신경계라고 하는 우리가 특별히 두꺼운 두개 양끝에 두기 체계을 넘어매우 작은 부분이다. 각 신경원에는 세포체가 있고 여기에서 돌기가 뻗어나가는데, 주변의 신경원으로부터 전달 신호를 받아들이는 짧은 가지돌기와 전달 신호를 멀리 다른 신경원으로 보내는 가늘고 긴 축색돌기가 있다. 신경 전달 신호는 시냅스라는 연결을 통해 한 신경원에서 다른 신경원으로 전달된다.

▶ 신경원

뇌에 있는 글자를 보면서 이해하고 느끼고, 우리가 특별히 두꺼운 두개 양끝에 두기 체계을 넘어 가며 숨을 쉬는 것은 모두 우리 몸의 신경계가 하는 일이다. 우리 몸에서 가장 복잡한 신경계는 밤낮으로 매 순간 수많은 가지 다른 종류의 활동을 동시에 해내고 있다. 신경계를 이루는 뇌, 척수 그리고 여러 신경은 몇 조나 되는 신경 중 신경세포로 이루어져 있으며, 이 세포들은 신경 전달 신호(신경자극)라고 부르는 전기적인 신호를 매우 빠른 속도로 전달하는 독특한 기능을 가지고 있다.

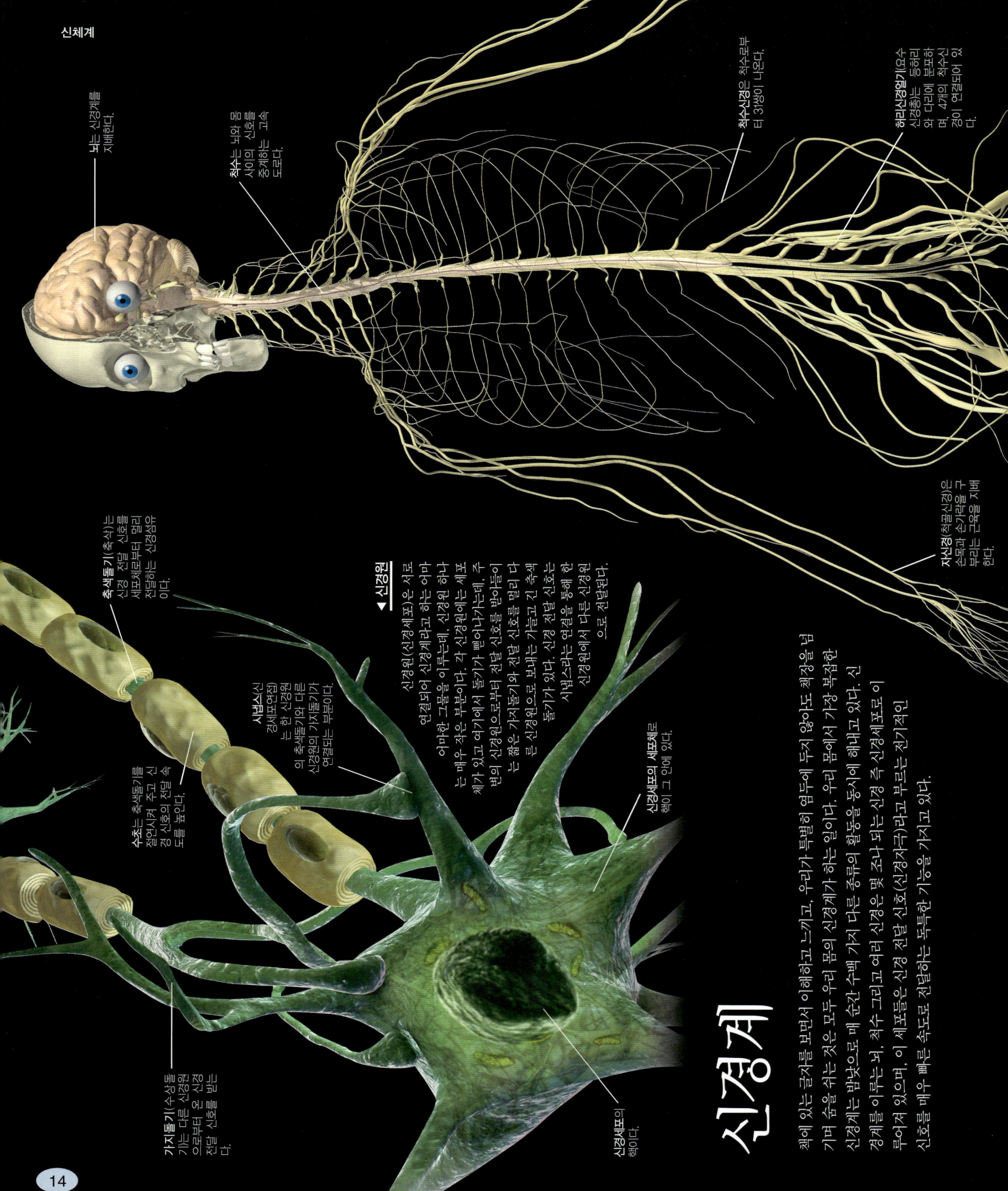

뇌는 신경계를 지배한다.

척수는 뇌와 몸 사이의 신호를 중계하는 고속도로다.

척수신경 척수로부터 31쌍이 나온다.

허리신경열기요수 신경총은 등허리와 다리로 분포한 여러 신경을 구성한다. 4개의 척수신경이 연결되어 있다.

자신경(척골신경)은 손목과 손가락으로 부르는 근육을 지배한다.

축색돌기(축삭)는 신경 전달 신호를 세포체로부터 멀리 전달하는 신경섬유이다.

수초는 축색돌기를 절연시켜 주고 신경 신호의 전달 속도를 높인다.

시냅스(신경세포연접)는 한 신경원의 축색돌기가 다른 신경원과 연결되는 부분이다.

신경세포의 세포체로 핵이 그 안에 있다.

가지돌기(수상돌기)는 다른 신경원으로부터 온 신경 전달 신호를 받는다.

신경세포의 핵이다.

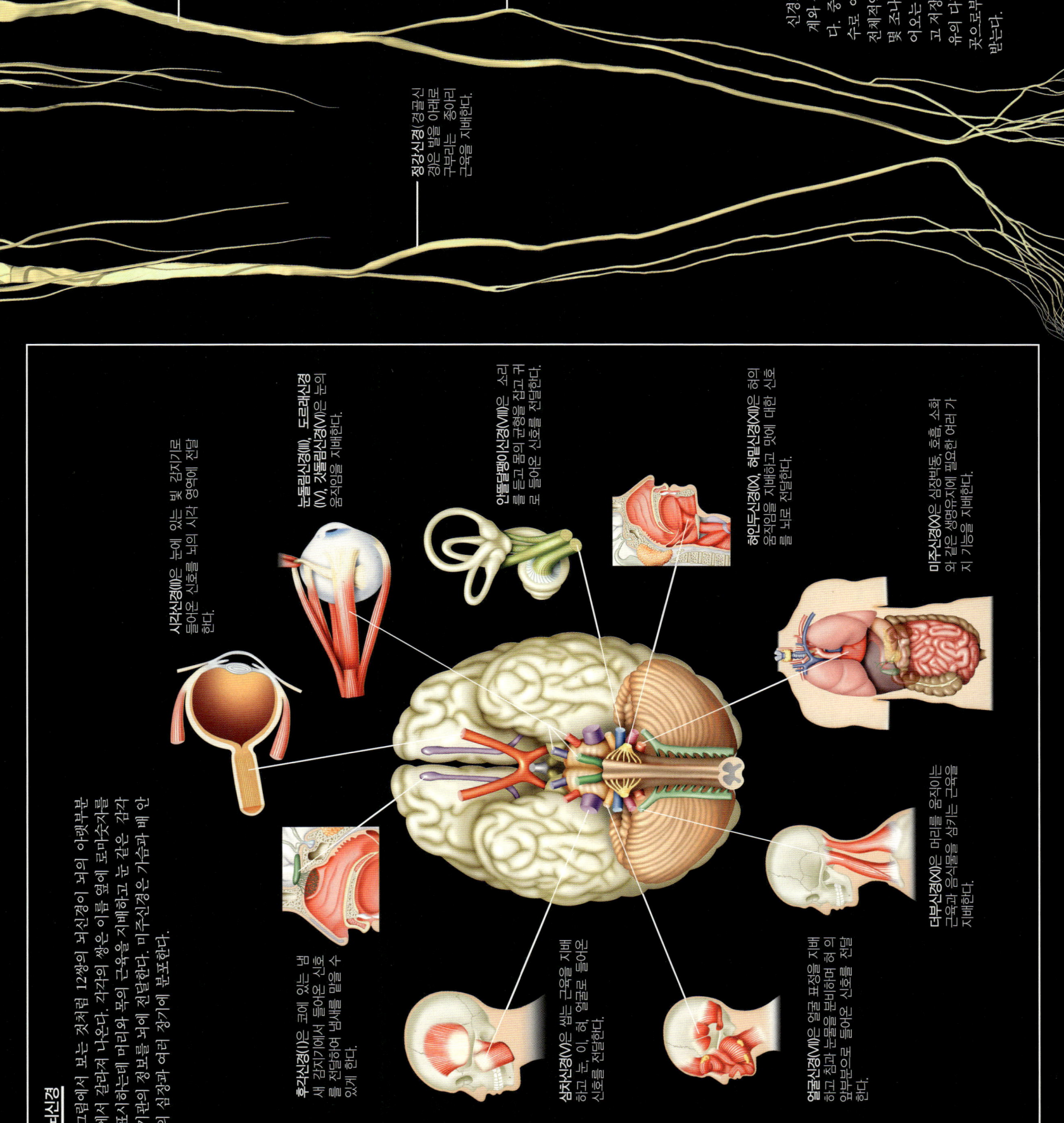

심혈관계

우리가 삶을 유지하기 위해서는 몸을 이루는 몇 조에 달하는 세포들이 영양분과 산소를 공급받고 그 폐기물을 제거해주어야 한다. 순환과 제거는 심혈관계 또는 순환계에 의해 이루어진다. 세포로 보내지거나 세포로부터 배려지는 물질은 끊임없이 흐르는 붉은색 액체를 통해서 운반된다. 심장의 펌프질을 통해서 피는 핏줄이라는 그물처럼 퍼져 있는 관을 따라서 온몸 구석구석 유지된다. 핏줄에는 세 가지 종류가 있는데 동맥, 정맥, 모세혈관이다. 심혈관계는 감염으로부터 우리 몸을 지키고 체온을 항상 37도로 유지하는 데 중요한 역할을 한다.

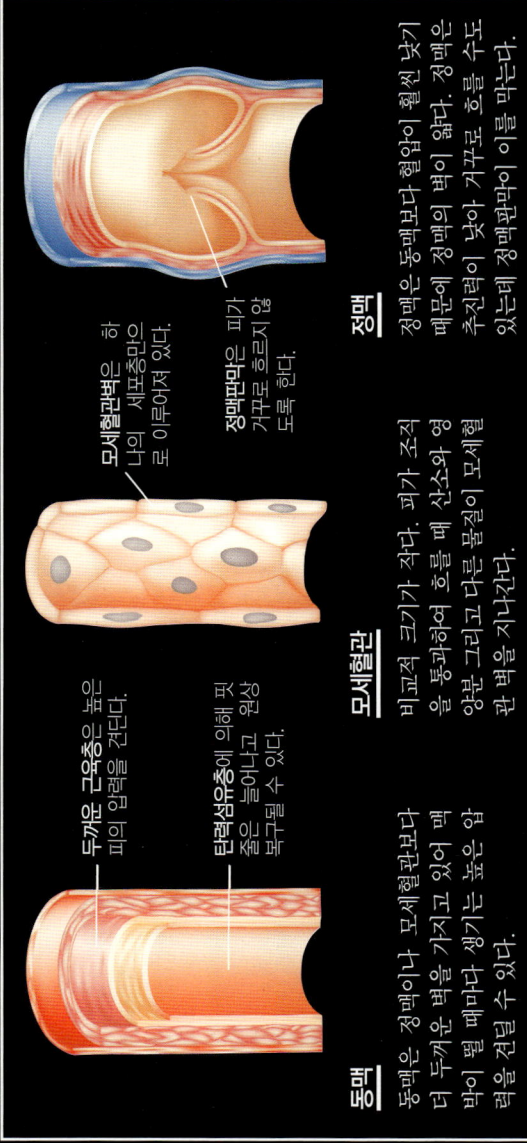

심장은 피가 흐를 때마다 끊임없이 펌프질을 하도록 한다.

온목동맥(총경동맥)은 머리와 뇌로 피를 보낸다.

내림대동맥(하행대동맥)은 산소가 풍부한 피를 몸의 하체로 보낸다.

아래대정맥(하대정맥)은 심장으로 피를 운반하는 주요 정맥이다.

동맥

동맥은 정맥이나 모세혈관보다 더 두꺼운 벽을 가지고 있어 매 박동 때마다 생기는 높은 압력을 견딜 수 있다.

두꺼운 근육층은 높은 피의 압력을 견딘다.

탄력섬유층에 의해 핏줄이 늘어나고 원상 복구될 수 있다.

모세혈관

비교적 크기가 작다. 피가 조직을 통과하여 흐를 때 산소와 영양분, 그리고 다른 물질이 모세혈관 벽을 지나간다.

모세혈관벽은 하나의 세포층만으로 이루어져 있다.

정맥

정맥은 동맥보다 협압이 훨씬 낮기 때문에 정맥의 벽이 얇다. 정맥은 주변의 낮은 가구로 흐름 수도 있는데 정맥판막이 이를 막는다.

정맥판막은 피가 거꾸로 흐르지 않도록 한다.

▶ 핏줄망

동맥(붉은색)은 조직으로 피를 보내며 정맥(푸른색)은 조직으로부터 피가 나오도록 한다. 동맥과 정맥은 모든 조직 세포로 피를 운반하는 미세한 모세혈관으로 표시하지 않았다. 우리 몸에 있는 핏줄을 모두 연결하면 15만 킬로미터에 이른다.

▼ 피

피는 살아 있는 액체로, 혈장을 따라다니는 다른 종류의 세포로 구성되어 있다. 적혈구(1)는 피가 붉은 색을 띠게 하며 산소를 운반한다. 림프구(2)와 중성호성백혈구(3)를 포함한 백혈구는 질병을 일으키는 병원균으로부터 우리 몸을 보호한다. 혈소판(4)은 피가 날 때 멎도록 해준다.

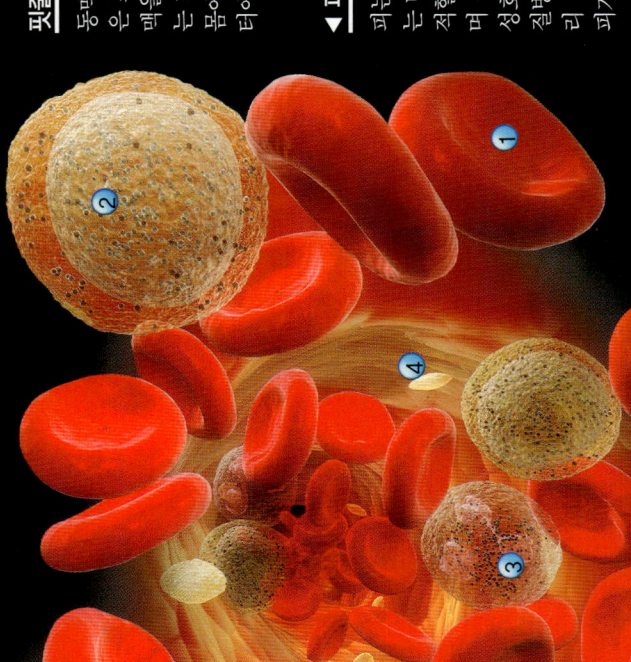

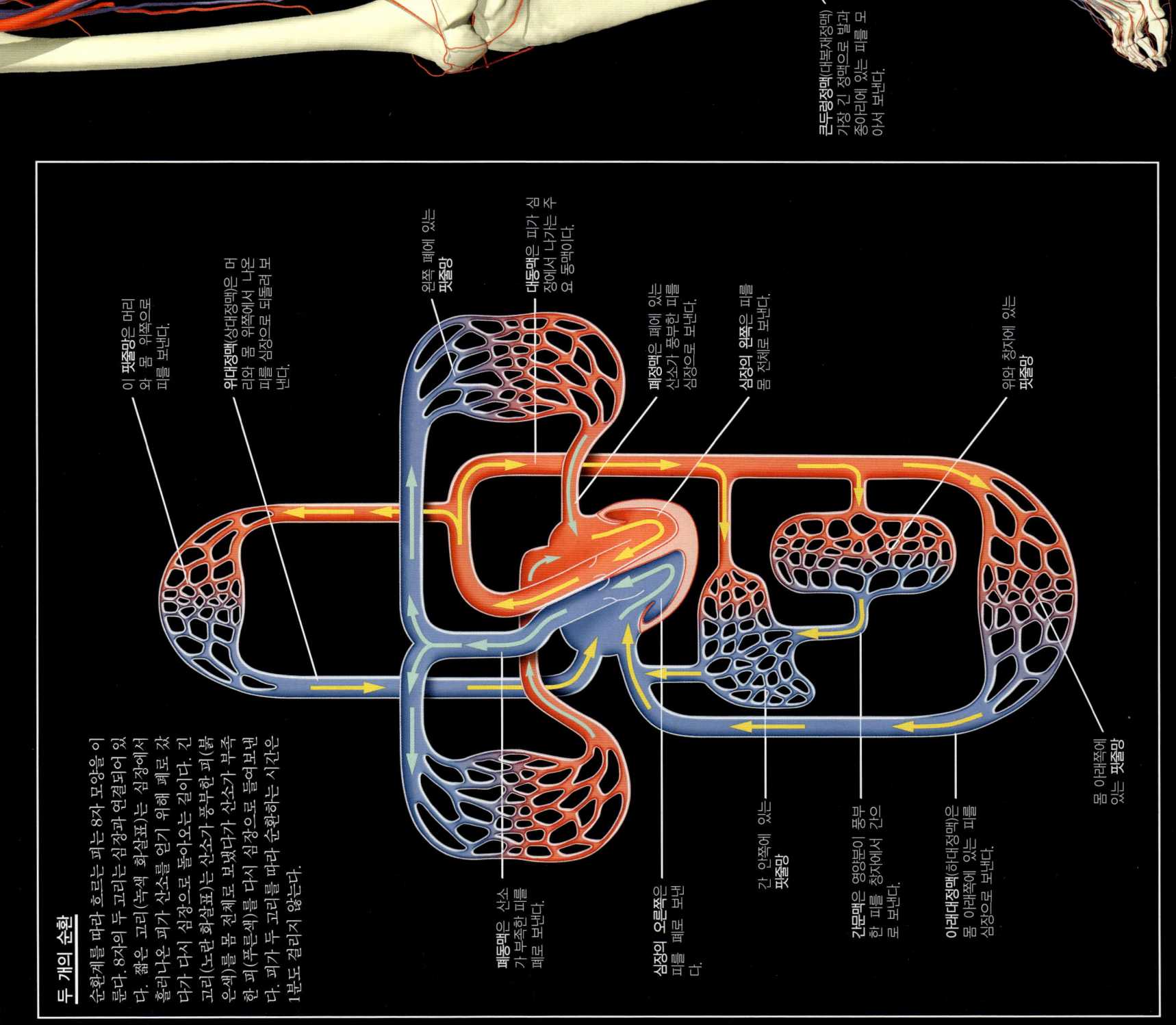

신체계

내분비계

우리 몸을 제어하는 계통은 두 가지다. 빠르게 활동하는 신경계와 조금 천천히 활동하는 내분비계 또는 호르몬계다. 내분비계는 호르몬이라는 화학적인 전달 물질을 안에 분비하는 내분비샘으로 이루어져 있다. 호르몬은 독장한 세포나 조직을 찾아가 그것의 활동에 영향을 준다. 아래 그림은 주요 내분비샘을 보여준다. 위(胃)와 같은 장기에도 내분비 기능을 가진 조직이 있다.

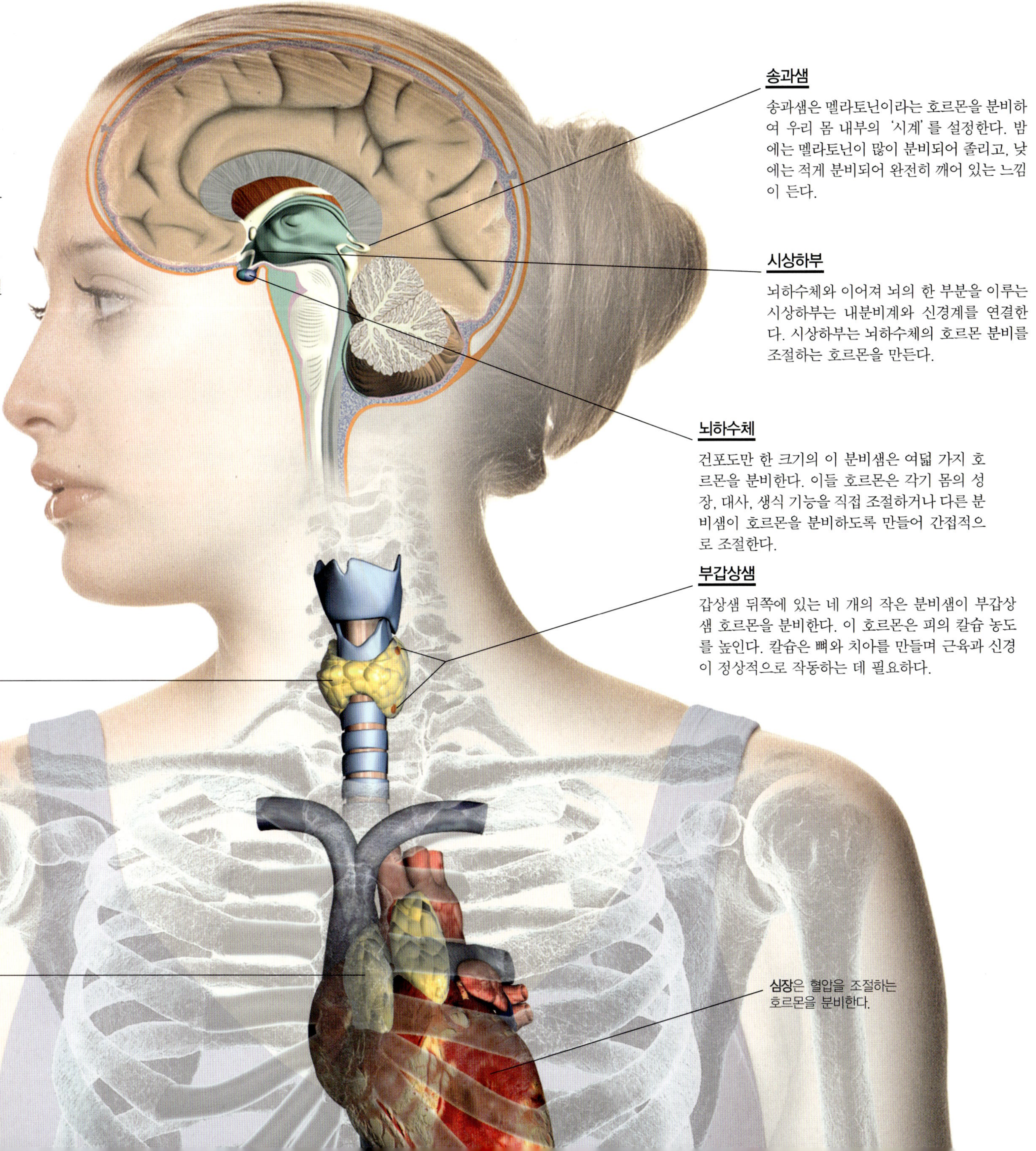

송과샘
송과샘은 멜라토닌이라는 호르몬을 분비하여 우리 몸 내부의 시계를 설정한다. 밤에는 멜라토닌이 많이 분비되어 졸리고, 낮에는 적게 분비되어 완전히 깨어 있는 느낌이 든다.

시상하부
뇌하수체와 이어져 뇌의 한 부분을 이루는 시상하부는 내분비계와 신경계를 연결한다. 시상하부는 뇌하수체의 호르몬 분비를 조절하는 호르몬을 만든다.

뇌하수체
진포도만 한 크기의 이 분비샘은 여덟 가지 호르몬을 분비한다. 이들 호르몬은 각기 몸의 성장, 대사, 생식 기능을 직접 조절하거나 다른 분비샘이 호르몬을 분비하도록 만들어 간접적으로 조절한다.

부갑상샘
갑상샘 뒤쪽에 있는 네 개의 작은 분비샘이 부갑상샘 호르몬을 분비한다. 이 호르몬은 피의 칼슘 농도를 높인다. 칼슘은 뼈와 치아를 만들며 근육과 신경이 정상적으로 작동하는 데 필요하다.

갑상샘
기관(氣管) 주위를 감싸고 있는 갑상샘은 티록신이라는 호르몬을 분비한다. 이 호르몬은 몸을 세포들이 대사용(산소가 포도당으로부터 에너지를 얻는 비율)을 높여 세포의 분열과 성장 속도를 빠르게 한다.

가슴샘(흉선)
여기서 나오는 호르몬은 면역계의 발달에 매우 중요하다. 이 호르몬의 영향으로 림프구가 포화되어 침입한 박테리아와 바이러스를 감지하게 된다.

심장
심장은 혈압을 조절하는 호르몬을 분비한다.

18

내분비계

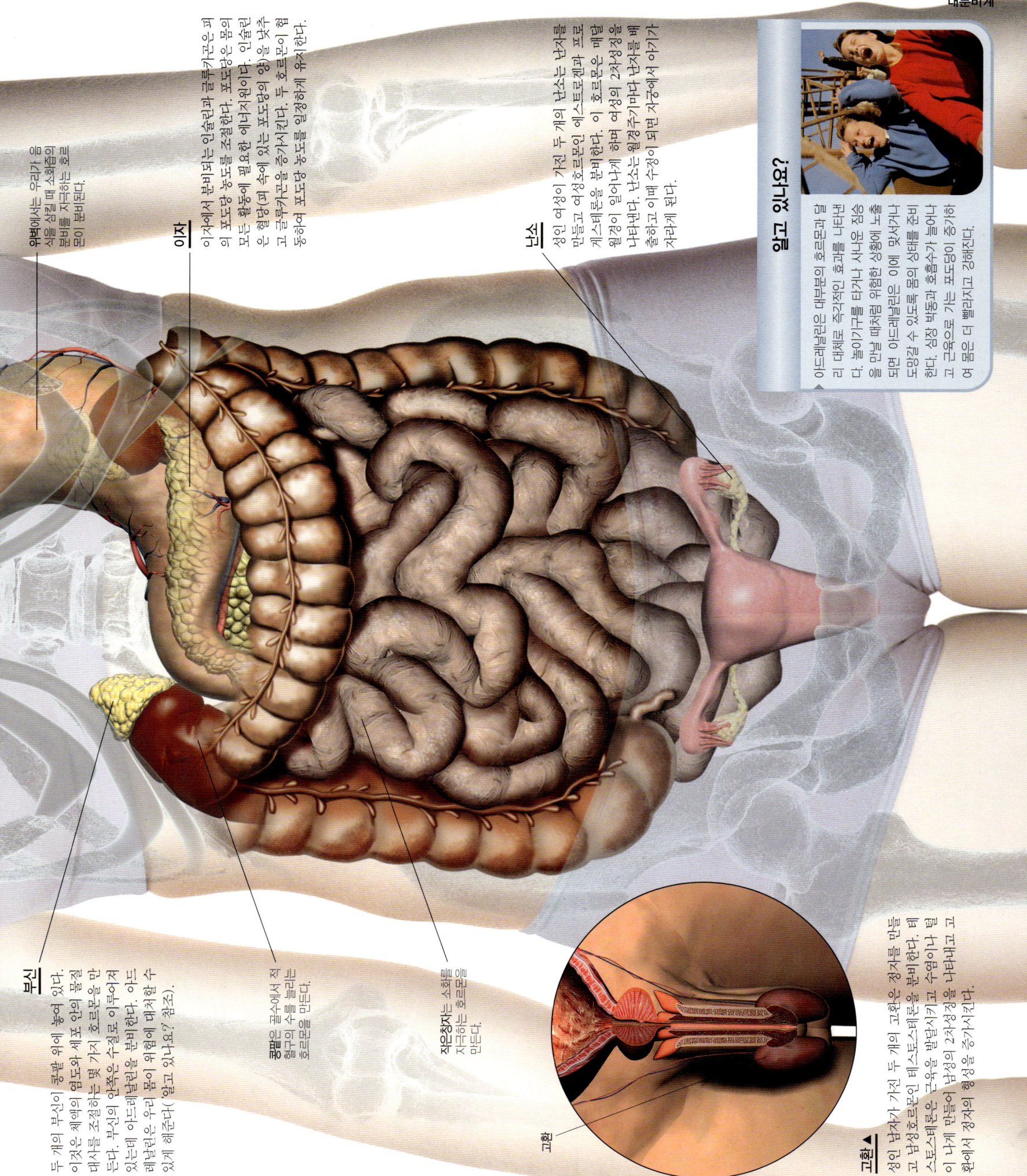

알고 있나요?

아드레날린은 대부분의 호르몬과 달리 대체로 즉각적인 효과를 나타낸다. 높이기구를 타거나 사나운 짐승을 만날 때처럼 위험한 상황에 노출되면 아드레날린은 이에 맞서거나 도망갈 수 있도록 몸이 상태를 준비한다. 심장 박동과 호흡수가 늘어나고 근육으로 가는 포도당이 증가한 여 몸이 더 빨라지고 강해진다.

위 에서는 우리가 음식을 섭취할 때 소화즙의 분비를 자극하는 호르몬이 분비된다.

이자
이자에서 분비되는 인슐린과 글루카곤은 피의 포도당 농도를 조절한다. 포도당은 몸이 모든 활동에 필요한 에너지원이다. 인슐린은 혈당(피 속에 있는 포도당의 양)을 낮추고 글루카곤은 포도당을 증가시킨다. 두 호르몬이 협동하여 포도당 농도를 일정하게 유지하게 한다.

난소
성인 여성이 가진 두 개의 난소는 난자를 만들고 여성호르몬인 에스트로겐과 프로게스테론을 분비한다. 이 호르몬은 매달 월경이 일어나게 하며 여성의 2차성징을 나타낸다. 난소는 월경주기마다 난자를 배출하고 이때 수정이 되면 자궁에서 아기가 자라게 된다.

부신
두 개의 부신이 콩팥 위에 놓여 있다. 이것은 체액의 염도와 세포 안의 물질 대사를 조절하는 몇 가지 수질로 이루어진다. 부신의 안쪽은 수질로 이루어져 있는데 아드레날린을 분비한다. 아드레날린은 우리 몸이 위협에 대처할 수 있게 해준다(알고 있나요? 참조).

콩팥은 혈액에서 적혈구의 수를 늘리는 호르몬을 만든다.

작은창자는 소화를 자극하는 호르몬을 만든다.

고환 ▲
성인 남자가 가진 두 개의 고환은 정자를 만들고 남성호르몬인 테스토스테론을 분비한다. 테스토스테론은 근육을 발달시키고 수염이나 털이 나게 만들어 남성의 2차성징을 나타내고 고환에서 정자의 형성을 증가시킨다.

19

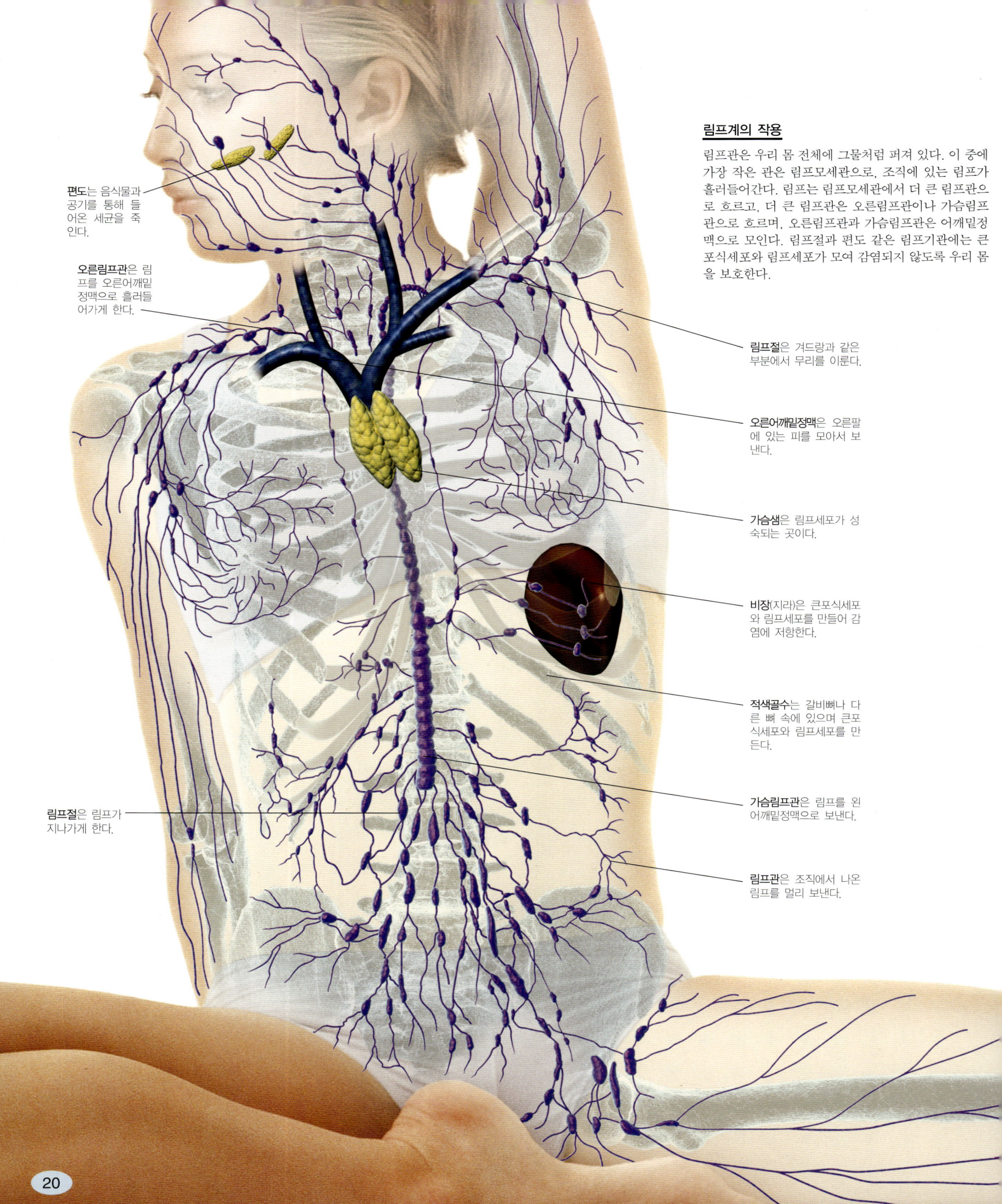

림프계의 작용

림프관은 우리 몸 전체에 그물처럼 퍼져 있다. 이 중에 가장 작은 관은 림프모세관으로, 조직에 있는 림프가 흘러들어간다. 림프는 림프모세관에서 더 큰 림프관으로 흐르고, 더 큰 림프관은 오른림프관이나 가슴림프관으로 흐르며, 오른림프관과 가슴림프관은 어깨밑정맥으로 모인다. 림프절과 편도 같은 림프기관에는 큰 포식세포와 림프세포가 모여 감염되지 않도록 우리 몸을 보호한다.

- **편도**는 음식물과 공기를 통해 들어온 세균을 죽인다.
- **오른림프관**은 림프를 오른어깨밑정맥으로 흘러들어가게 한다.
- **림프절**은 겨드랑과 같은 부분에서 무리를 이룬다.
- **오른어깨밑정맥**은 오른팔에 있는 피를 모아서 보낸다.
- **가슴샘**은 림프세포가 성숙되는 곳이다.
- **비장**(지라)은 큰포식세포와 림프세포를 만들어 감염에 저항한다.
- **적색골수**는 갈비뼈나 다른 뼈 속에 있으며 큰포식세포와 림프세포를 만든다.
- **가슴림프관**은 림프를 왼어깨밑정맥으로 보낸다.
- **림프절**은 림프가 지나가게 한다.
- **림프관**은 조직에서 나온 림프를 멀리 보낸다.

림프계

우리 몸의 림프계는 크게 두 가지 역할을 한다. 첫째는 모세혈관으로부터 넘치는 액체를 모아서 조직으로 보낸다. 이 넘치는 액체는 림프라고 하는데 피로 들어오기 전에 그물처럼 얽힌 림프관을 따라 흐르게 된다. 둘째는 병원균이라고 부르는 질병을 일으키는 미생물로부터 우리 몸을 보호한다. 림프절에는 큰포식세포와 림프세포가 있어 피에 들어 있는 비슷한 세포와 함께 면역계를 형성한다. 이들은 우리 몸에 침입하여 질병을 일으키는 특정한 병원균을 알아보고 찾아내어 파괴한다.

림프절

콩 모양의 림프절은 림프관을 따라서 목과 겨드랑이 그리고 몸의 다른 부분에 모여 있다. 각각의 림프절은 그물 같은 조직으로 가득 차 있어 림프가 천천히 흐르게 하며 백혈구가 병원체를 파괴하도록 돕는다. 감염이 되면 림프절이 부어오르고 아프다.

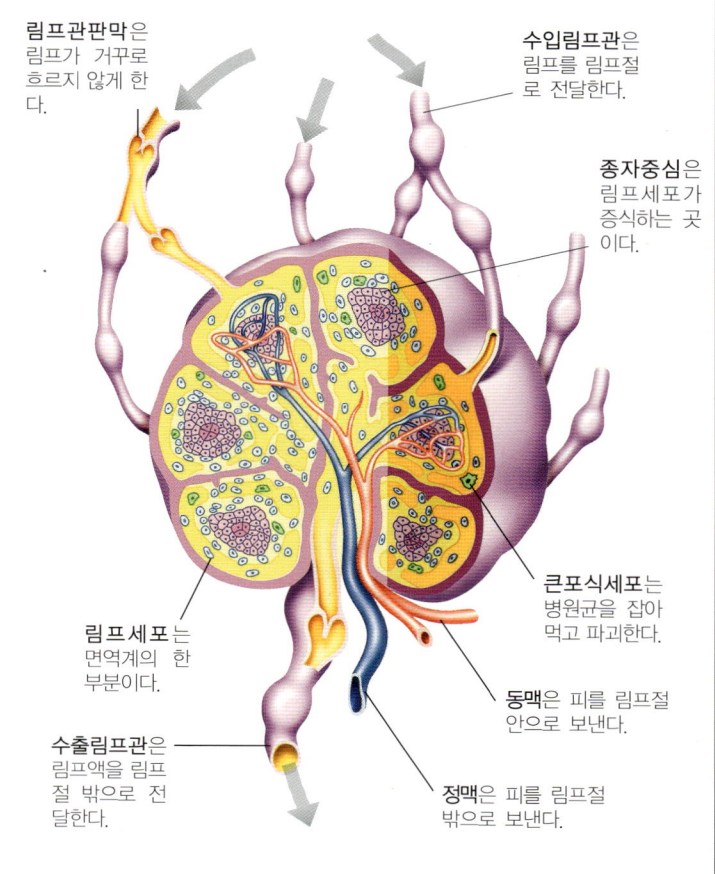

림프관판막은 림프가 거꾸로 흐르지 않게 한다.

수입림프관은 림프를 림프절로 전달한다.

종자중심은 림프세포가 증식하는 곳이다.

큰포식세포는 병원균을 잡아먹고 파괴한다.

림프 세포는 면역계의 한 부분이다.

동맥은 피를 림프절 안으로 보낸다.

수출림프관은 림프액을 림프절 밖으로 전달한다.

정맥은 피를 림프절 밖으로 보낸다.

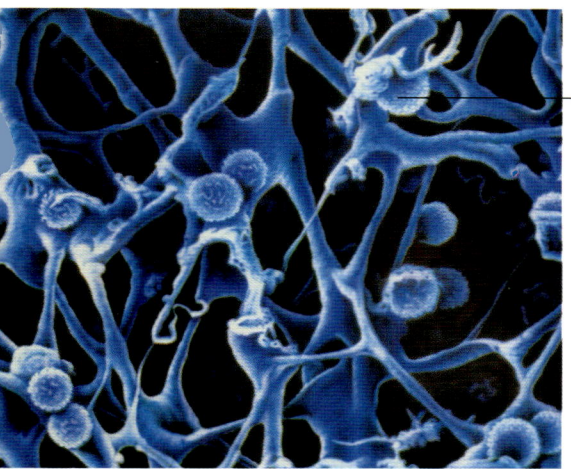

큰포식세포(대식세포)**와 림프세포**는 확대된 림프절 안쪽에 있는 그물 모양의 섬유에 붙어 있다.

◀ **림프절의 속**

림프절 속에는 그물 모양의 섬유와 두 가지 종류의 백혈구가 빽빽이 들어차 있다. 큰포식세포는 병원균이나 죽은 세포를 빨아들여 파괴한다. 림프세포는 병원체를 찾아내어 직접 파괴하거나 항체라는 화학물질을 만들어 병원체가 파괴되도록 표시해놓는다.

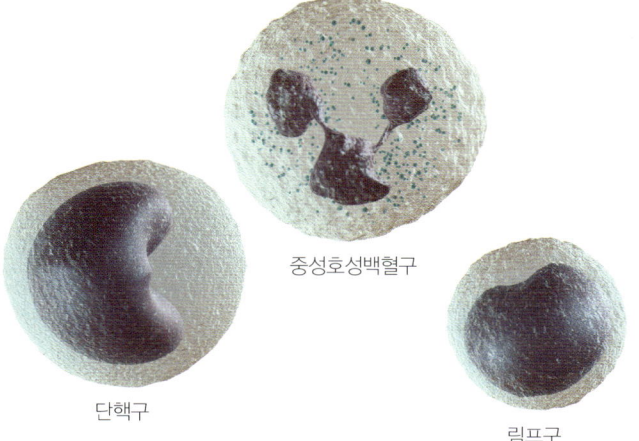

단핵구 중성호성백혈구 림프구 염기성호성백혈구

산성호성백혈구

백혈구 ▲

피에는 몸을 보호하는 데 각기 다른 역할을 하는 다섯 가지 백혈구가 있다. 그 중 두 가지 세포는 림프계에서 발견할 수 있다. 큰포식세포는 피에서 나온 단핵구를 말하는데 병원체를 추적하여 잡아먹는다. 큰포식세포는 세포를 먹는 자라는 뜻이다. 림프세포는 특정한 병원체를 찾아 이들에 대항하여 항체를 만든다.

알고 있나요?

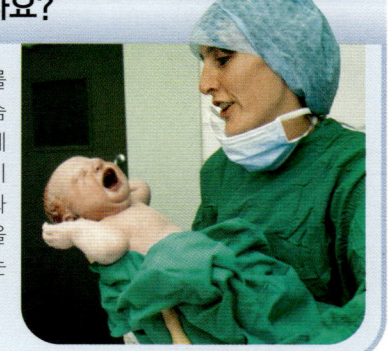

아기가 가지고 있는 가슴샘은 아기를 안고 있는 어른이 가지고 있는 가슴샘보다 훨씬 더 크다. 이것은 면역계가 아주 어릴 때에 발달하기 때문이다. 가슴샘은 림프세포가 병원균이라고 부르는, 질병을 일으키는 미생물을 찾아내는 능력을 갖추도록 도와주는 호르몬을 분비한다.

신체계

피부, 털, 손톱과 발톱

무게가 5킬로그램이나 되는 가장 큰 기관은 무엇일까? 그것은 바로 피부다. 피부는 우리 몸의 섬세한 안쪽과 바깥 세계 사이에 장벽을 만들어주는 보호막이라고 할 수 있다. 피부는 질병을 일으키는 미생물의 침입을 방어한다. 그리고 방수 기능이 있어 목욕을 하거나 비를 맞아도 몸이 침수되지 않는다. 피부에는 갈색 멜라닌이 있는데 이것은 피부색을 띠게 하고 햇빛 중에서 우리에게 해로운 자외선을 막아준다. 피부는 체온을 37도 정도로 일정하게 유지한다. 털, 손톱, 발톱은 피부 바깥쪽으로 자란다. 머리카락은 머리덮개를 보호하고 다른 털은 가벼운 접촉을 느낄 수 있도록 피부의 민감도를 높인다. 손톱과 발톱은 손가락 끝과 발가락 끝을 덮어서 보호한다.

피부 ▶

오른쪽 옆에 있는 피부 단면은 꽤 두꺼워 보이지만 실제 피부의 두께는 0.5~4밀리미터 정도에 지나지 않는다. 피부는 표피와 진피로 나눌 수 있다. 표피는 위쪽에 있는 비늘 모양의 층으로 방수 기능을 가지고 있으며 살아 있지 않은 세포의 층이다. 아래쪽에 있는 진피는 표피보다 두꺼우며 핏줄, 털주머니, 땀샘, 신경종말로 이루어져 있다.

털과 머리카락

피부를 확대한 아래 사진을 통해 우리 몸 구석구석을 덮고 있는 수백만 개의 털 중 하나를 자세히 볼 수 있다. 털은 죽은 세포로 이루어진 길고 구부러진 실과 같다. 털은 털주머니라고 하는 피부 구멍에서 자라난다. 털주머니의 기저부에 있는 털망울 세포는 끊임없이 분열하여 털을 자라게 하고 피부 표면으로 밀어낸다.

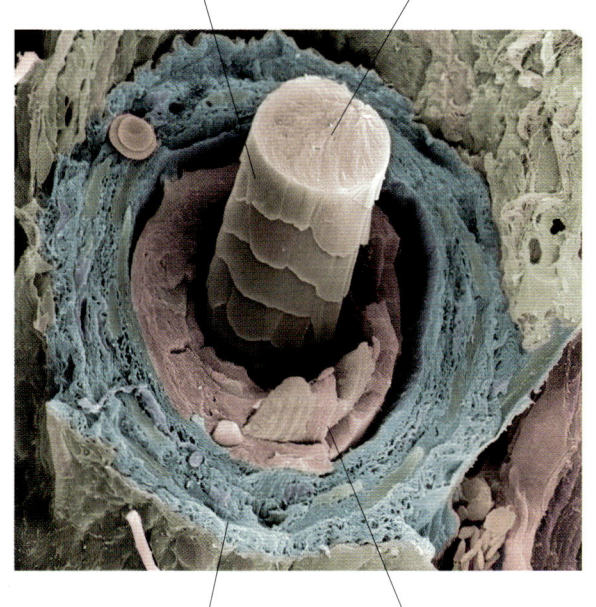

큐티클은 털의 바깥층인데 겹친 비늘로 덮여 있다.

털은 질긴 케라틴으로 채워진 죽은 세포로 만들어진다.

털주머니의 바깥층이다.

털주머니의 안쪽층이다.

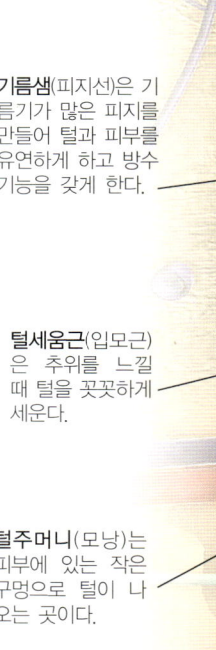

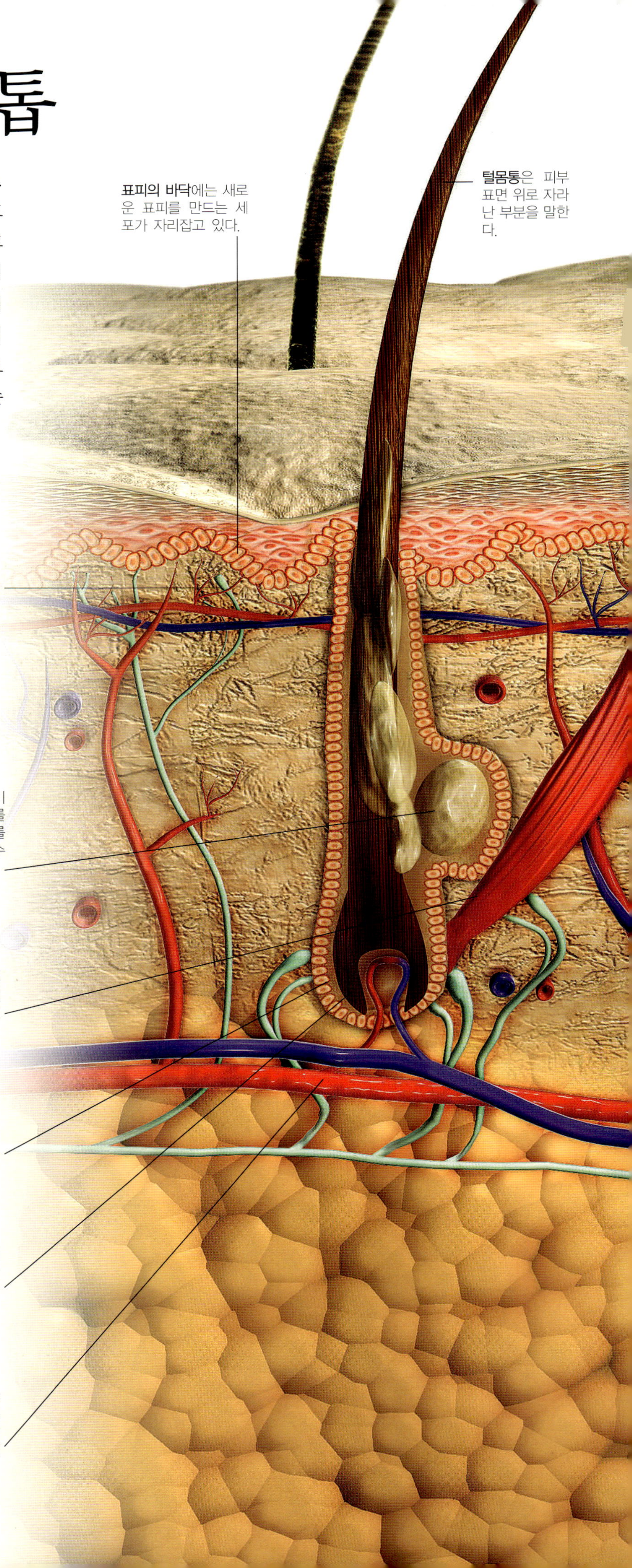

표피의 바닥에는 새로운 표피를 만드는 세포가 자리잡고 있다.

털몸통은 피부 표면 위로 자라난 부분을 말한다.

피부 신경종말은 무엇이 닿거나 누르는 느낌, 뜨거움과 차가움, 통증을 감지한다.

기름샘(피지선)은 기름기가 많은 피지를 만들어 털과 피부를 유연하게 하고 방수 기능을 갖게 한다.

털세움근(입모근)은 추위를 느낄 때 털을 꼿꼿하게 세운다.

털주머니(모낭)는 피부에 있는 작은 구멍으로 털이 나오는 곳이다.

털망울에는 빠르게 분열하여 털을 자라게 하는 세포가 있다.

피부핏줄은 몸에 있는 열을 얼마나 많이 혹은 적게 빠져나가게 할 것인가에 따라 단면적이 변한다.

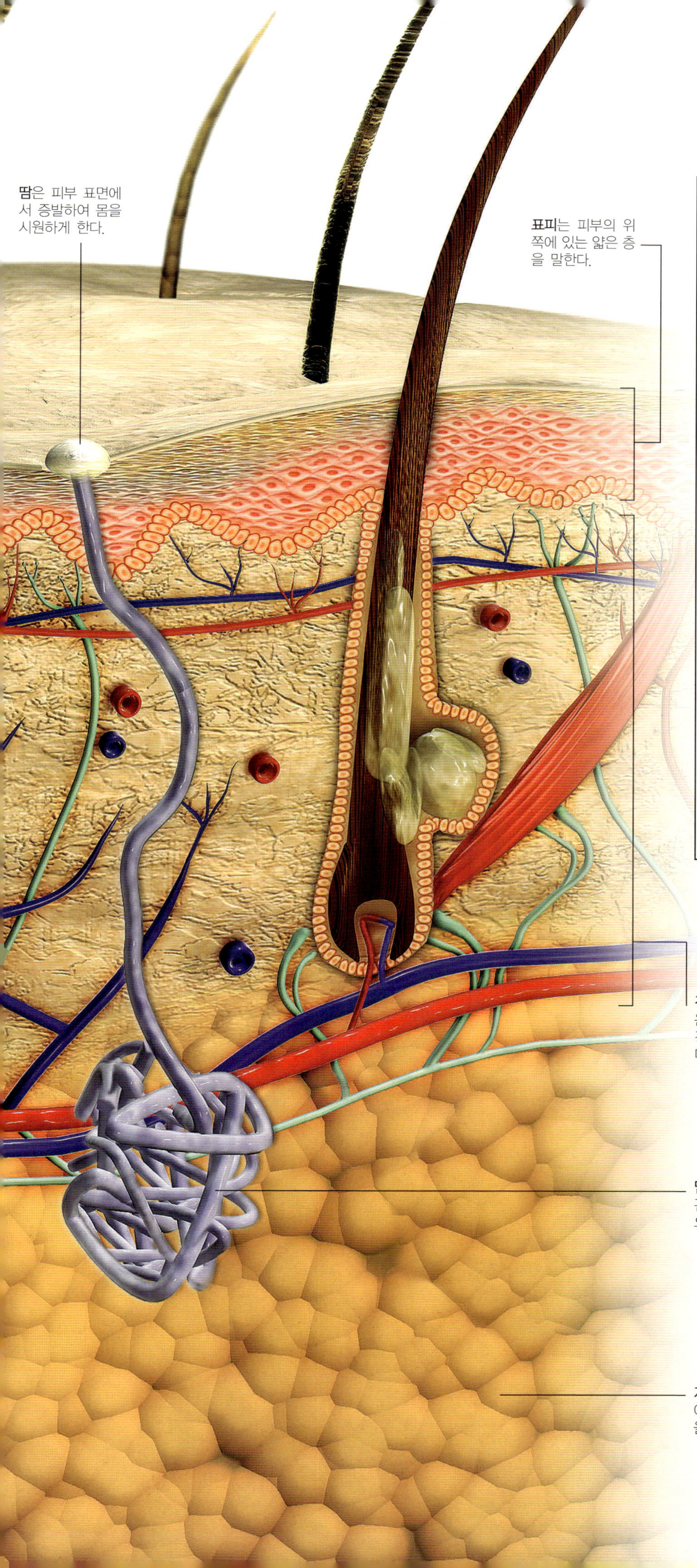

피부, 털, 손톱과 발톱

땀은 피부 표면에서 증발하여 몸을 시원하게 한다.

표피는 피부의 위쪽에 있는 얇은 층을 말한다.

진피는 피부의 두꺼운 층으로 핏줄과 신경이 지나가는 곳이다.

땀샘은 땀을 만들어 관을 따라 피부 표면으로 내보낸다.

지방층은 진피 아래에 있으며 우리 몸을 따뜻하게 한다.

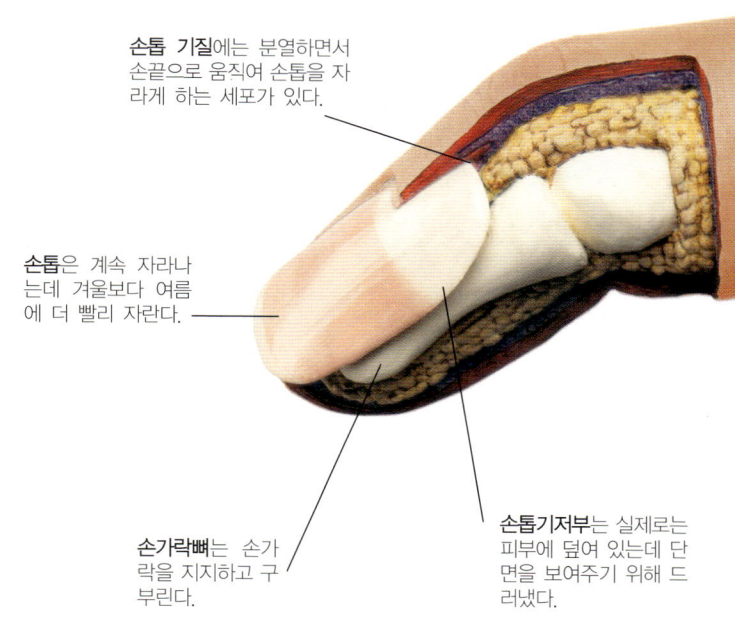

손톱 기질에는 분열하면서 손끝으로 움직여 손톱을 자라게 하는 세포가 있다.

손톱은 계속 자라나는데 겨울보다 여름에 더 빨리 자란다.

손가락뼈는 손가락을 지지하고 구부린다.

손톱기저부는 실제로는 피부에 덮여 있는데 단면을 보여주기 위해 드러냈다.

손톱과 발톱

손톱과 발톱은 쓸모가 아주 많다. 손가락 끝과 발가락 끝을 덮어 보호할 뿐만 아니라 가려운 곳을 긁거나 작은 물건을 집을 때 좋다. 손톱은 바깥으로 단단하게 자라나온 표피인데 손톱 뿌리 뒤에 있는 손톱 기질의 세포가 성장하여 생긴다. 이 세포는 앞으로 나오면서 단단해지고 죽은 세포가 된다. 그래서 손톱과 발톱은 잘라도 아프지 않다.

알고 있나요?

오늘날 과학자들은 실험실에서 인공적인 방법으로 피부를 길러낼 수 있다. 아래 그림에서 방금 키워낸 피부의 얇은 막을 배양접시에서 들어올리는 것을 볼 수 있다. 이 인공피부는 병원에 입원한 환자에게서 떼어낸 피부의 작은 조각을 배양한 것이다. 그 환자는 목숨이 위태로울 정도로 화상을 입어 피부가 심하게 손상되었는데 이렇게 실험실에서 배양된 자신의 피부를 손상된 피부 위에 붙이면 치유 속도가 더 빨라진다.

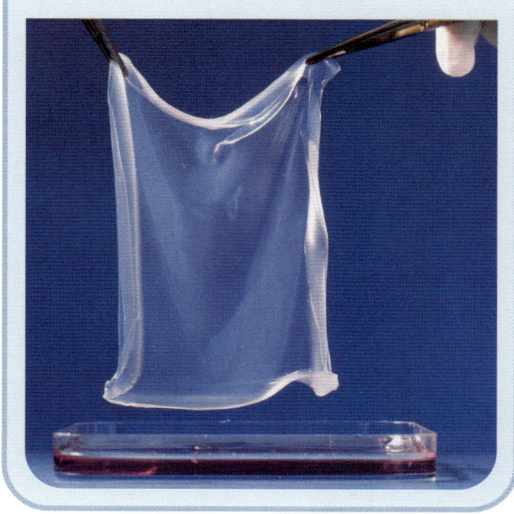

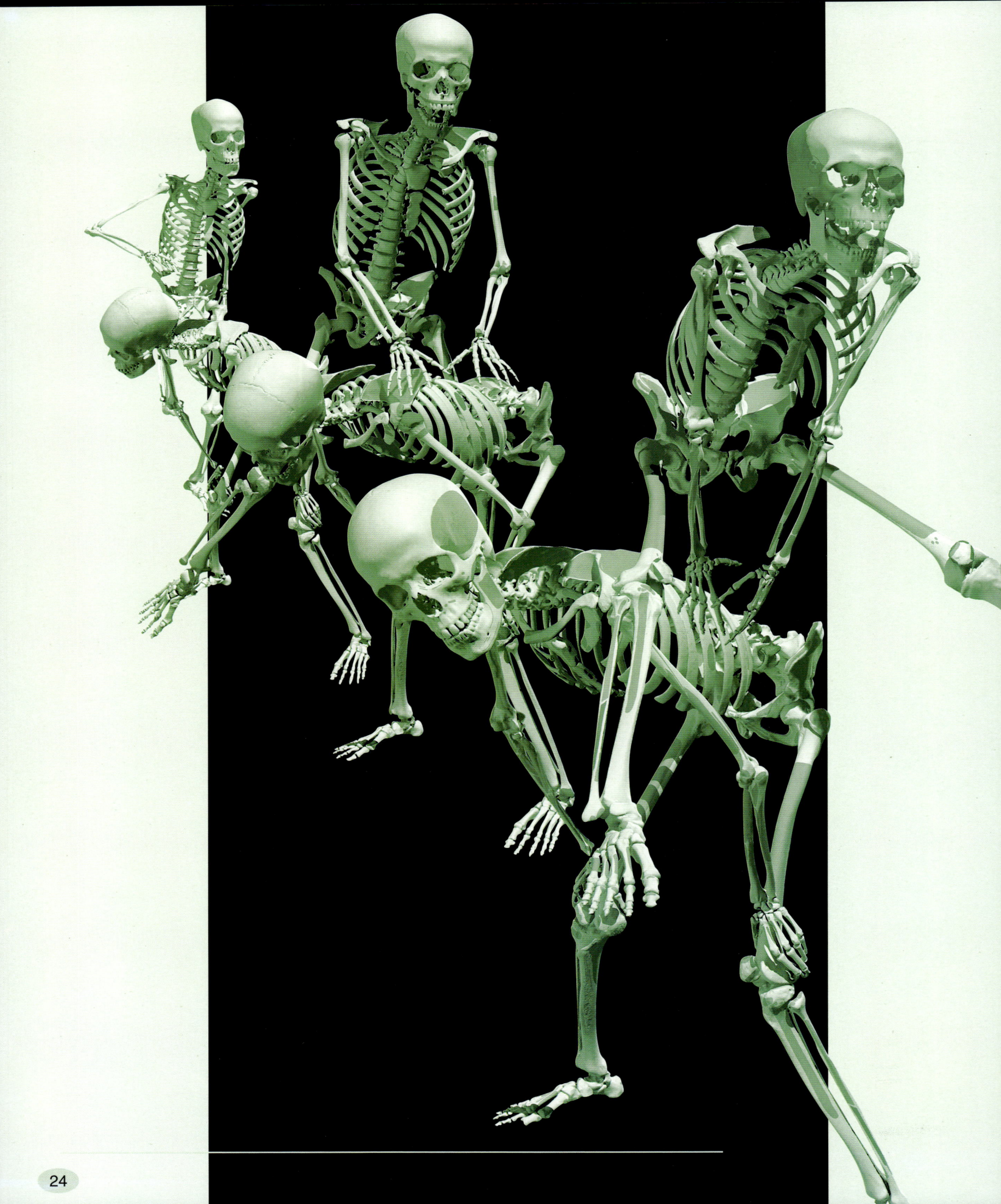

머리

이제부터 펼쳐지는 머리의 3차원 영상을 통해 우리는 머리뼈와 뇌, 눈과 귀 그리고 입과 코의 세계를 탐험할 수 있다. 우리의 웃음과 찡그림을 만들어내는 재주 많은 근육도 함께 관찰해보자.

머리와 목	26
뇌와 척수	28
머리뼈와 이	30
머리 근육	32
혀와 코	34
귀	36
눈	38
입과 목구멍	40

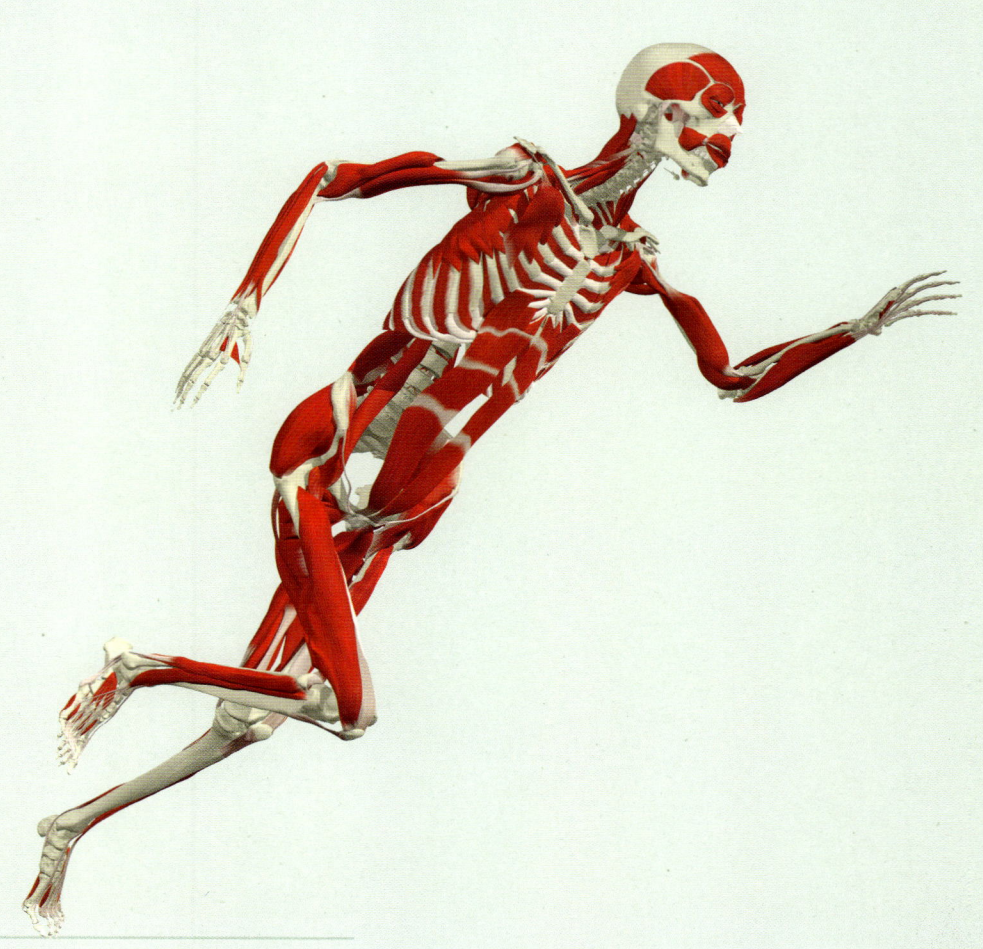

머리

머리와 목

이 놀라운 3차원 영상은 피부와 근육이 사라진 머리와 목을 보여주고 있다. 오른쪽에는 머리뼈가 그대로 보이고, 왼쪽에는 머리뼈가 제거된 뇌의 주름주름한 표면이 보인다. 양쪽에서 아주 복잡하게 얽혀 있는 핏줄과 신경을 볼 수 있다.

- **이마뼈**(전두골)는 이마를 이루는 뼈다. 단단한 관절로 다른 머리뼈와 연결되어 있다. 이렇게 해서 뇌가 안전한 공간 안에 있게 된다.
- **관자정맥**은 머리덮개에 있는 피를 모아서 심장으로 보낸다.
- **코뼈**는 코의 위쪽 부분을 이룬다.
- **관자동맥**은 머리덮개로 피를 보낸다.
- **눈확**(안와)은 안구와 그 부속을 감싸고 보호한다.
- **관자뼈**는 머리뼈 옆 부분을 이룬다.
- **인두**에는 밥을 먹는 관자가 있어 사물을 보게 한다.
- **얼굴신경**(안면신경)의 가지는 얼굴 근육에 신호를 내려 감각을 느끼게 한다.
- **얼굴동맥**(언면동)에는 피를 얼굴로 보낸다.
- **광대뼈**는 볼과 눈확을 이룬다.
- **가쪽코동맥**에는 피를 코로 보낸다.
- **코안**(비강)에는 공기 중에 있는 냄새를 느끼는 감지기가 있다.
- **위턱뼈**는 아래턱뼈와 함께 음식물을 깨물거나 씹는 일을 한다.
- **얼굴정맥**은 얼굴에 있는 피를 모아서 심장으로 보낸다.
- **귓바퀴신경**은 귓바퀴의 감각을 느끼게 해준다.
- **더쪽**(녁간)은 머리 아래부분으로 숨 쉬기와 같은 무의식적이고 생명에 유지하는 일을 한다.
- **눈안**은 눈의 색깔을 이루는 부분으로 동공의 크기를 조절한다.
- **동공**은 커졌다 작아졌다 하면서 눈으로 들어오는 빛의 양을 조절한다.
- **눈동자**는 눈의 부분으로 시력가 생각되고 느끼고 고 움직일 수 있게 한다.

26

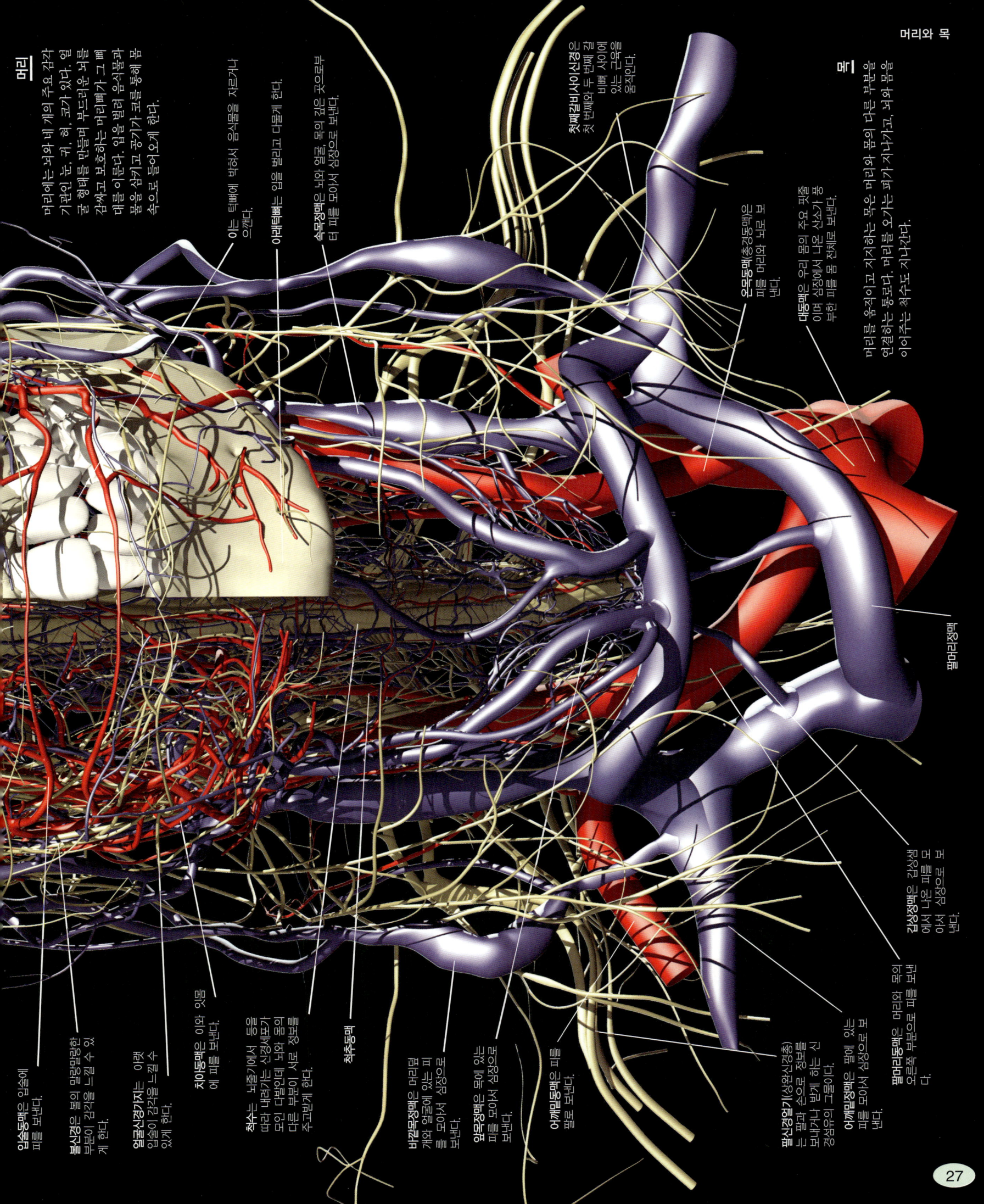

머리
뇌와 척수

우리의 뇌는 생명 세계에서 가장 복잡한 기관이다. 수십억 개의 신경원(신경세포)이 거대한 정보 처리 네트워크를 이루어서 몸의 활동을 조절하며 우리가 생각하고 기억하고 상상할 수 있게 해준다. 척수는 뇌에서 등을 따라 아래로 뻗어 있으며 뇌와 몸 사이에 정보를 전달한다.

대뇌는 생각하고 느끼는 부분이다.

시상은 뇌줄기로 들어온 정보를 걸러내거나 대뇌로 보낸다.

뇌줄기(뇌간)는 뇌와 척수를 이어준다.

소뇌는 근육의 수축과 몸의 균형을 조정하고 뇌를 오가는 신호를 전달한다.

척수는 뇌로 오가는 신호를 전달한다.

뇌의 내부
대뇌에는 반쪽으로 나뉜 대뇌반구가 있는데 오른쪽이 왼쪽 몸을 지배하고 왼쪽이 오른쪽 몸을 지배한다. 소뇌는 우리 몸의 움직임을 매끄럽게 해주고 똑바로 서 있도록 해준다. 뇌줄기는 숨 쉬기와 같은 자동적인 활동을 지배한다. 시상은 뇌로 들어오는 신경 전달 신호를 대뇌로 보낸다.

뇌엽
대뇌반구의 양쪽 표면에는 홈과 융기가 있다. 대뇌반구는 커다란 홈을 경계로 네 개의 대뇌엽으로 나뉜다. 대뇌엽은 덮고 있는 뼈의 이름에 따라 각각 이마엽, 마루엽, 관자엽, 뒤통수엽이라고 부른다.

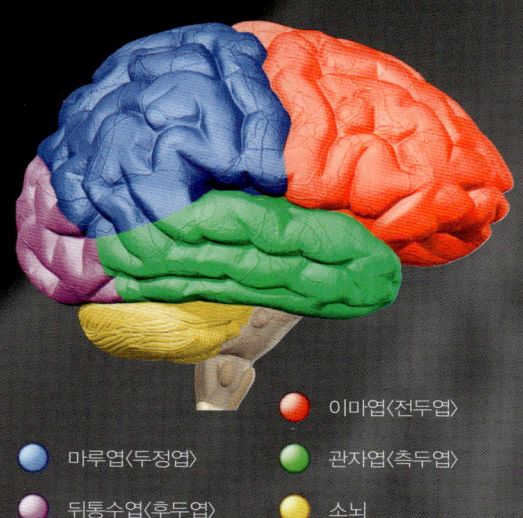

- 🔴 이마엽〈전두엽〉
- 🔵 마루엽〈두정엽〉
- 🟢 관자엽〈측두엽〉
- 🟣 뒤통수엽〈후두엽〉
- 🟡 소뇌

알고 있나요?
▶ 천재의 뇌는 보통 사람의 뇌와 어떻게 다를까? 토머스 하비 박사는 이것을 밝히기 위해 알베르트 아인슈타인(1879~1955)이 죽었을 때 그의 뇌를 꺼내어 해부했다. 하비는 아인슈타인의 뇌를 가지고 240개의 얇은 뇌 조직 표본을 만들었다. 그의 뇌는 평균보다 작았지만 대뇌피질에 모여 있는 신경원이 더 많았다. 그리고 마루엽에서 드물게 나타나는 고랑이 발견되었는데 이것이 수학적인 추론에 관여하는 것으로 알려졌다.

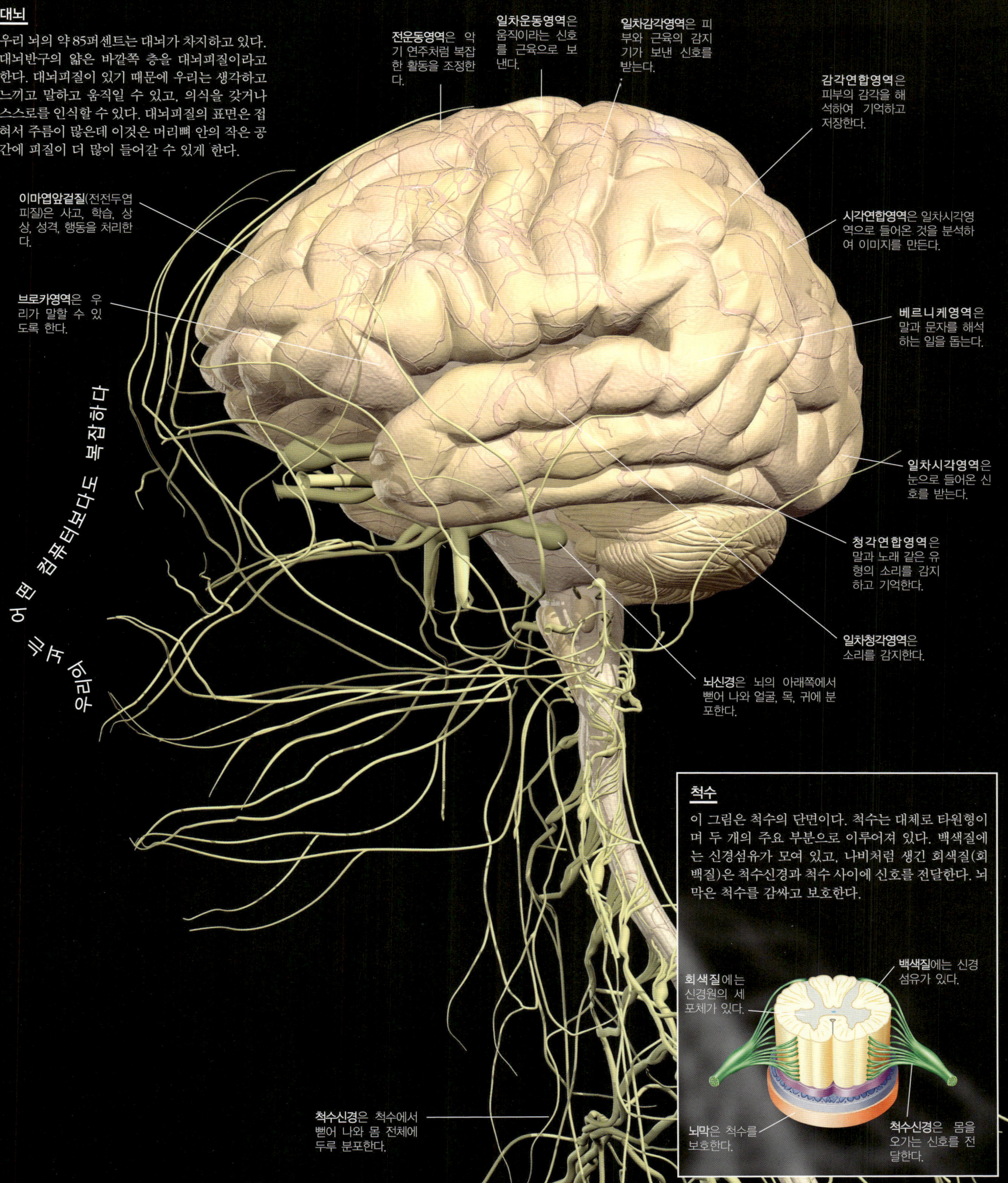

머리

마루뼈(두정골)는 머리뼈의 꼭대기와 옆을 이룬다.

우리의 머리뼈는 22개의 서로 다른 뼈로 이루어져 있다

머리뼈
머리뼈를 벌려놓은 이 그림은 머리뼈를 이루는 여러 가지 뼈를 보여준다. 뼈를 서로 단단히 고정하는 부동성 관절의 들쭉날쭉한 가장자리도 볼 수 있다. 앞머리뼈, 정수리뼈, 옆머리뼈를 포함한 8개의 뼈가 머리뼈의 둥근 지붕을 이루고 광대뼈, 위턱뼈, 아래턱뼈를 포함한 14개의 얼굴뼈가 얼굴을 이룬다.

이마뼈는 이마를 이룬다.

코뼈는 콧등을 이룬다.

눈확은 안구를 보호한다.

관자뼈(측두골)는 귀 옆의 머리뼈를 이룬다.

광대뼈

코안(비강)에는 냄새 감지기가 있으며 여기를 통해 공기가 몸 안으로 들어간다.

위턱뼈(상악골)는 얼굴의 중심을 이루는 뼈와 위턱을 이루는 뼈로 구성되어 있다.

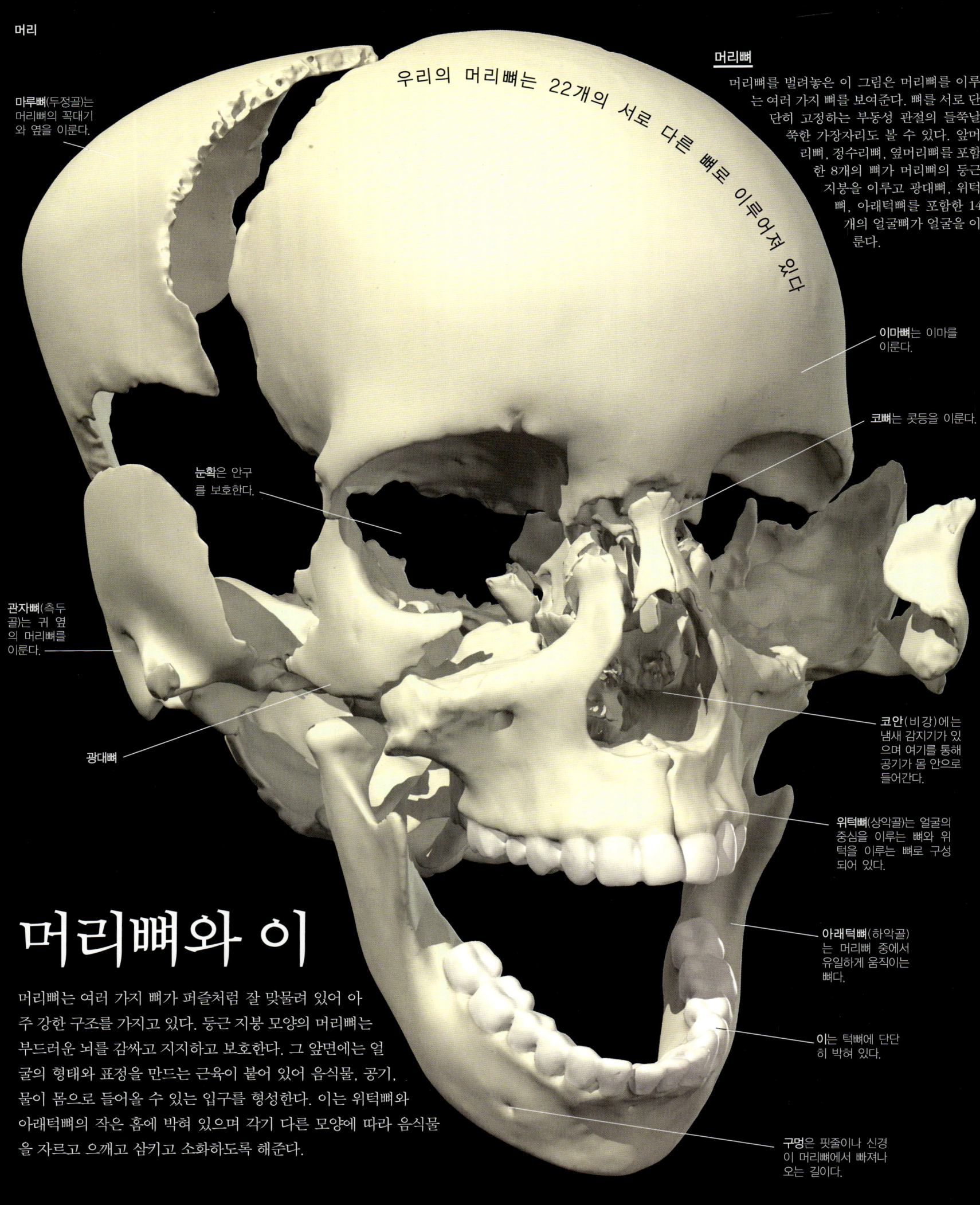

머리뼈와 이

머리뼈는 여러 가지 뼈가 퍼즐처럼 잘 맞물려 있어 아주 강한 구조를 가지고 있다. 둥근 지붕 모양의 머리뼈는 부드러운 뇌를 감싸고 지지하고 보호한다. 그 앞면에는 얼굴의 형태와 표정을 만드는 근육이 붙어 있어 음식물, 공기, 물이 몸으로 들어올 수 있는 입구를 형성한다. 이는 위턱뼈와 아래턱뼈의 작은 홈에 박혀 있으며 각기 다른 모양에 따라 음식물을 자르고 으깨고 삼키고 소화하도록 해준다.

아래턱뼈(하악골)는 머리뼈 중에서 유일하게 움직이는 뼈다.

이는 턱뼈에 단단히 박혀 있다.

구멍은 핏줄이나 신경이 머리뼈에서 빠져나오는 길이다.

이의 에나멜질은 우리 몸에서 가장 단단한 조직이다

머리뼈와 이

아래턱뼈

U자 모양의 아래턱뼈는 위아래로 움직이는 두 개의 관절로 머리뼈와 연결되어 있다. 아래턱뼈에 박혀 있는 이는 위턱뼈의 이와 비슷하다. 정처럼 날카롭게 생긴 앞니, 끝이 뾰족한 송곳니, 음식물을 으깨는 넓은 모양의 작은어금니와 큰어금니가 있다.

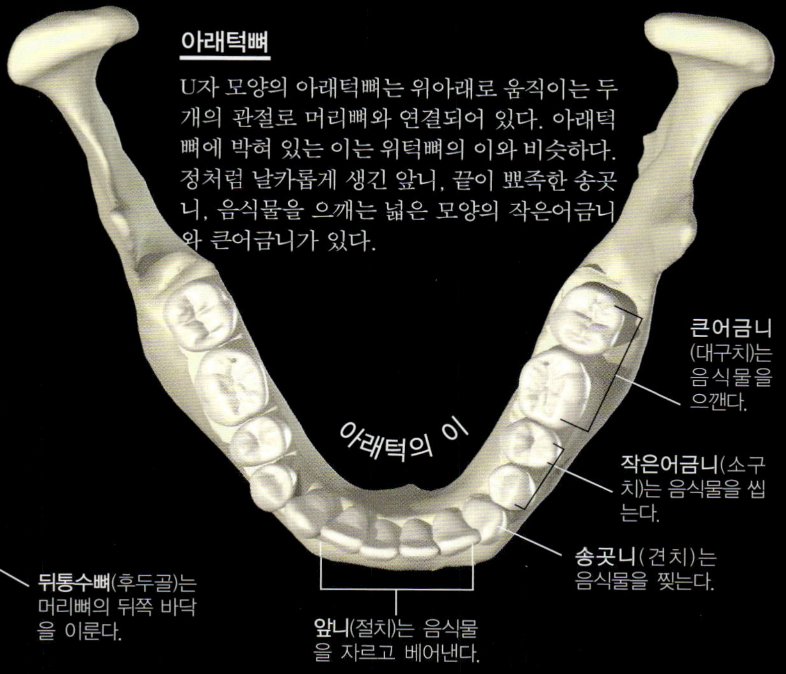

- **큰어금니**(대구치)는 음식물을 으깬다.
- **작은어금니**(소구치)는 음식물을 씹는다.
- **송곳니**(견치)는 음식물을 찢는다.
- **앞니**(절치)는 음식물을 자르고 베어낸다.

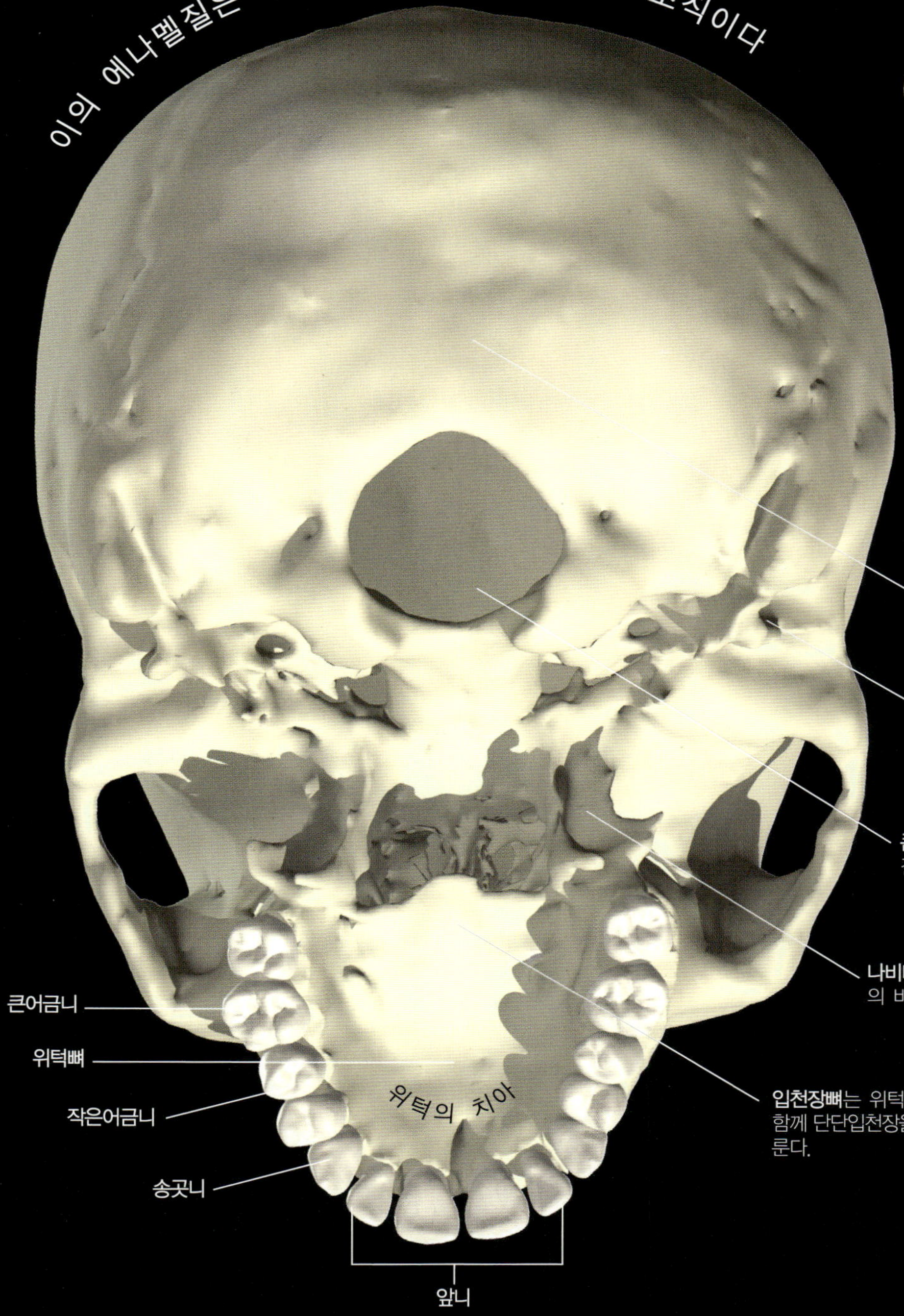

아래턱의 이

- **뒤통수뼈**(후두골)는 머리뼈의 뒤쪽 바닥을 이룬다.
- **바깥귀길**은 소리가 귀로 들어가는 구멍이다.
- **큰구멍**은 뇌가 척수와 연결되는 커다란 구멍이다.
- **나비뼈**(접형골)는 머리뼈의 바닥을 이룬다.
- **입천장뼈**는 위턱뼈와 함께 단단입천장을 이룬다.

큰어금니 / 위턱뼈 / 작은어금니 / 송곳니 / 앞니 / 위턱의 치아

◀ 아래에서 본 머리뼈

머리뼈의 아래쪽을 이루는 뼈와 위턱뼈에 박혀 있는 이를 볼 수 있다. 성인의 위턱뼈와 아래턱뼈에는 네 개의 앞니, 두 개의 송곳니, 네 개의 작은어금니, 여섯 개의 큰어금니가 각각 있으며 이를 모두 합치면 32개가 된다. 어떤 사람들은 왼쪽 그림처럼 뒤쪽 어금니인 사랑니를 빼기도 한다.

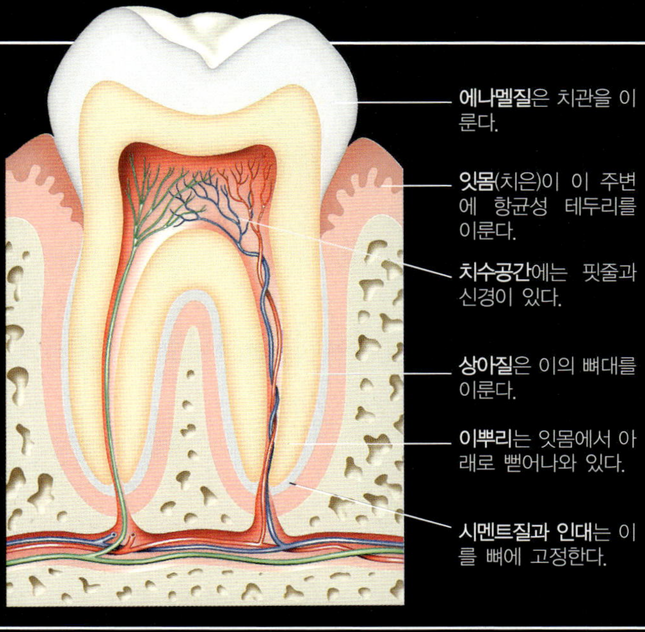

이의 단면

가장 위쪽에 있는 치관은 단단하고 하얀 빛깔의 에나멜질로 되어 있다. 이가 빠지지 않는 이상 보통은 이 부분밖에 볼 수 없다. 그러나 이를 이루는 대부분은 그림에서 보듯이 턱뼈 안에 숨겨져 있다. 에나멜질 아래에는 뼈와 비슷한 상아질의 뼈대가 이의 모양을 만들고 상아질은 턱뼈에 단단히 박혀 있는 부분인 이뿌리까지 아래로 이어진다. 상아질 안에 있는 치수공간에는 핏줄, 신경, 온도, 통증, 압력을 감지하는 신경종말이 있다.

- **에나멜질**은 치관을 이룬다.
- **잇몸**(치은)이 이 주변에 항균성 테두리를 이룬다.
- **치수공간**에는 핏줄과 신경이 있다.
- **상아질**은 이의 뼈대를 이룬다.
- **이뿌리**는 잇몸에서 아래로 뻗어나와 있다.
- **시멘트질과 인대**는 이를 뼈에 고정한다.

알고 있나요?

▶ 얼굴의 모양은 머리뼈와 근육에 따라 달라진다. 법의학 전문 조각가는 머리뼈와 근육에 대한 지식을 바탕으로 사망한 지 오랜 시간이 지난 사람의 얼굴을 만든다. 그들은 경찰을 도와 살해당한 사람을 판별하거나 고고학자가 발견한 뼈에 생명을 불어넣는다. 복제한 머리뼈를 이용하여 뼈 모형 위에 진흙으로 살을 붙인 후 피부를 덮어씌워 얼굴의 모양을 복원한다.

머리

머리 근육

우리는 사람들이 행복하고, 슬프고, 화가 나고, 두렵고, 역겹고, 놀랄 때 짓는 얼굴 표정을 보고 무엇을 느끼고 있는지 알 수 있다. 각각의 표정은 얼굴 근육이 움직여 만들어지는데 특이하게도 근육의 한쪽 끝은 머리뼈에 붙어 있지만 다른 쪽 끝은 얼굴 피부에 붙어 있다. 이 근육이 수축하면서 얼굴의 작은 부분을 잡아당기고 감정을 나타내는 화려한 조합의 얼굴 표정이 만들어진다.

얼굴 표정이 의미하는 것은 전 세계 어디서나 똑같다

눈썹주름근은 찡그릴 때 눈썹을 서로 모아준다.

눈꺼풀올림근(상안검거근은 눈꺼풀을 올려 눈을 뜨게 한다.

위입술올림근은 윗입술을 가장자리로 당긴다.

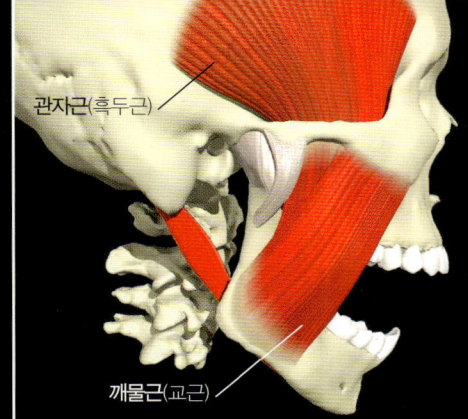

관자근(측두근)

깨물근(교근)

씹는 근육

깨물근과 관자근처럼 씹을 때 사용하는 강한 근육을 느껴보려면, 손끝을 머리 옆쪽에 대고 이를 악물었다가 쉬었다가 해보자. 이 근육은 아래턱을 위로 당겨 음식물을 이 사이에 놓고 부수는 데 필요한 어마어마한 힘을 만들어낸다.

볼근은 입의 끝을 옆으로 당기고, 씹을 때 사이에 있는 음식물을 잡아준다.

안쪽에 있는 근육

이 그림은 오른쪽에 보이는 얇은 층을 이루는 대부분의 근육을 제거하여 더 깊은 곳에 위치한 작은 얼굴 근육을 나타낸 것이다. 얼굴 근육의 한쪽 끝이 어떻게 피부에 붙어 있는지, 어떻게 자유롭게 움직이는지 알 수 있다.

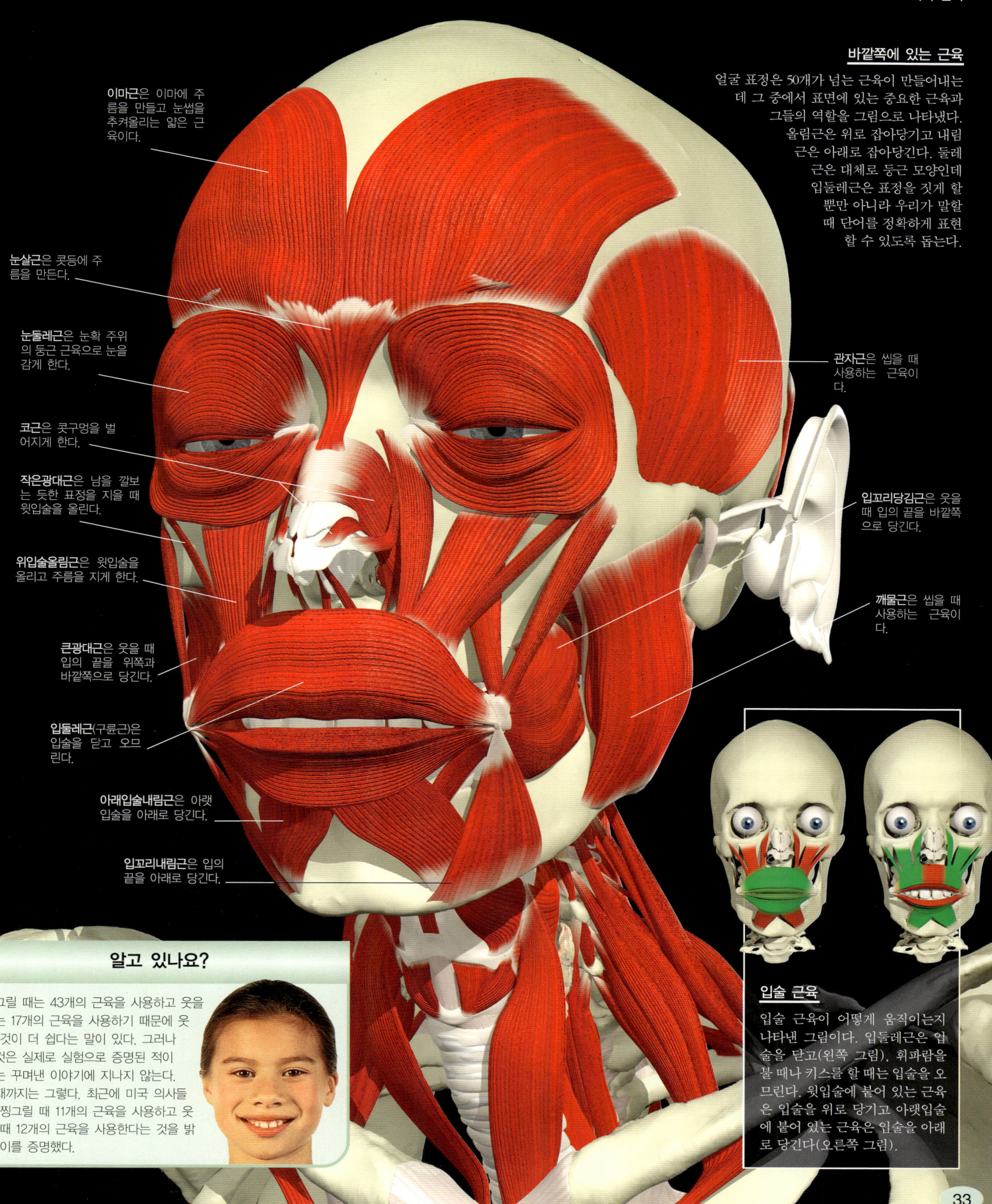

혀와 코

혀는 우리가 음식물을 씹을 때 음식물과 침이 잘 섞이도록 해준다. 그러면 맛 분자가 침에 녹고 아주 작은 맛봉오리가 이를 감지한다. 우리가 숨을 들이쉴 때 공기는 코로 소용돌이쳐 들어간다. 그러면 냄새 분자가 들어오고 코에 있는 냄새 감지기가 이를 감지한다. 맛봉오리와 냄새 감지기는 함께 작동하여 초콜릿과 치즈와 같은 풍미를 느끼도록 해준다. 코가 막혔을 때 음식을 먹으면 맛이 밋밋하게 느껴지는 것은 이 때문이다. 또한 혀와 코는 독극물 맛이나 연기 냄새 같은 잠재적인 위험을 감지하기도 한다.

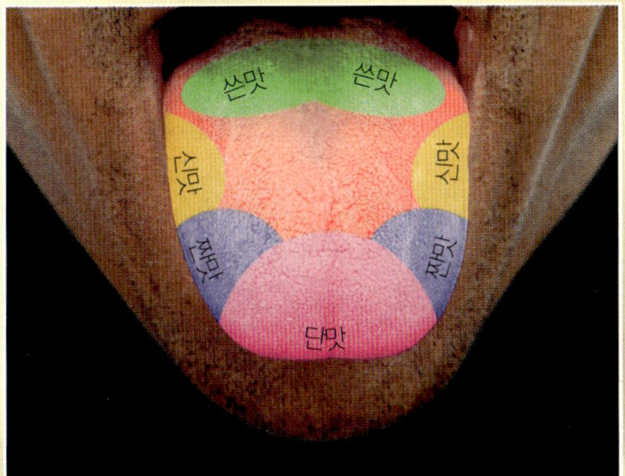
쓴맛
쓴맛
신맛
신맛
짠맛
짠맛
단맛

혀와 맛

우리 혀에는 약 1만 개의 맛봉오리가 있어 단맛, 신맛, 짠맛, 쓴맛을 느낄 수 있다. 위의 그림에서 보듯이 맛봉오리의 위치에 따라 감지하는 맛도 조금씩 다르다. 각각의 맛은 혀의 특정한 부위에서 느낄 수 있다.

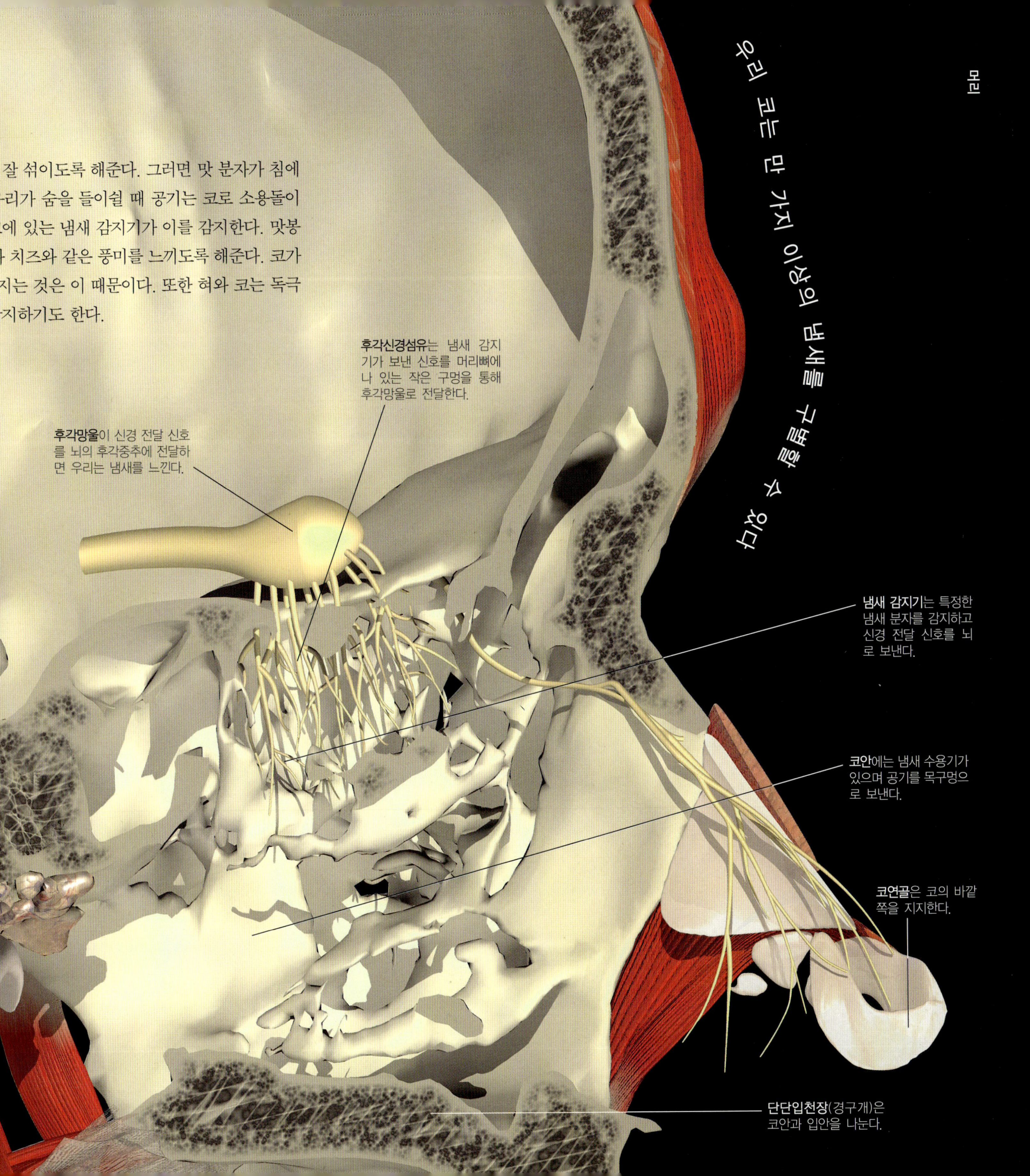
우리 코는 만 가지 이상의 냄새를 구별할 수 있다
후각신경섬유는 냄새 감지기가 보낸 신호를 머리뼈에 나 있는 작은 구멍을 통해 후각망울로 전달한다.
후각망울이 신경 전달 신호를 뇌의 후각중추에 전달하면 우리는 냄새를 느낀다.
냄새 감지기는 특정한 냄새 분자를 감지하고 신경 전달 신호를 뇌로 보낸다.
코안에는 냄새 수용기가 있으며 공기를 목구멍으로 보낸다.
코연골은 코의 바깥쪽을 지지한다.
단단입천장(경구개)은 코안과 입안을 나눈다.

혀와 코

코와 냄새

우리가 숨을 들이쉴 때 냄새 분자는 코안의 위쪽에 있는 냄새 수용기를 덮고 있는 물 같은 점에 녹는다. 그 위에 있는 머리카락 같은 섬모는 특정한 냄새에 반응하며 신경 전달 신호를 뇌의 후각중추로 보낸다. 들어온 정보가 뇌로 전달되면 냄새를 인식할 수 있고 썩은 달걀 냄새와 갓 구운 빵 냄새를 구별할 수 있게 된다.

알고 있나요?

혀는 단맛, 신맛, 짠맛, 쓴맛뿐만 아니라 다른 맛도 느낀다. 혀에는 매운 고추가 가지고 있는 캅사이신과 같은 물질을 느끼는 통증 감지기가 있다. 우리가 고추를 먹을 때 느끼는 매운 맛은 사실 통증인 것이다. 또한 혀에는 우리가 씹는 음식물이 부드러운지 거친지를 느끼는 촉각 수용기도 있다. 온도 수용기는 차가운 아이스크림과 뜨거운 구운 감자의 온도 차이를 구별한다. 이런 모든 수용기는 음식물을 먹을 때 우리를 더 즐겁게 만들기도, 언짢게 만들기도 한다.

혀는 유두라고 부르는 작은 돌기로 덮여 있다. 유두에는 맛봉오리가 있다.

이는 혀가 음식물을 침과 섞을 때 으깬다.

아래턱뼈는 음식물을 씹을 때 위아래로 움직인다.

침샘은 입안으로 침을 내보낸다.

목뿔래근은 음식물을 삼킬 때 혀를 아래쪽과 앞으로 당긴다.

붓혀근은 음식물을 씹을 때 혀를 뒤쪽 위로 당긴다.

35

머리

청각

음파는 바깥귀길을 따라 이동하여 고막을 두드려 진동을 일으킨다. 그 다음에는 서로 연결된 세 개의 작은 뼈(망치뼈, 모루뼈, 등자뼈)에 차례대로 진동을 일으킨다. 제일 작은 귓속뼈인 등자뼈는 피스톤처럼 움직이면서 타원창을 밀었다 당겼다 한다. 타원창의 움직임은 달팽이관 속에 있는 액체에 진동을 일으키고 그 신호가 달팽이신경을 따라 뇌에 전달되면 비로소 우리는 소리를 인식할 수 있다.

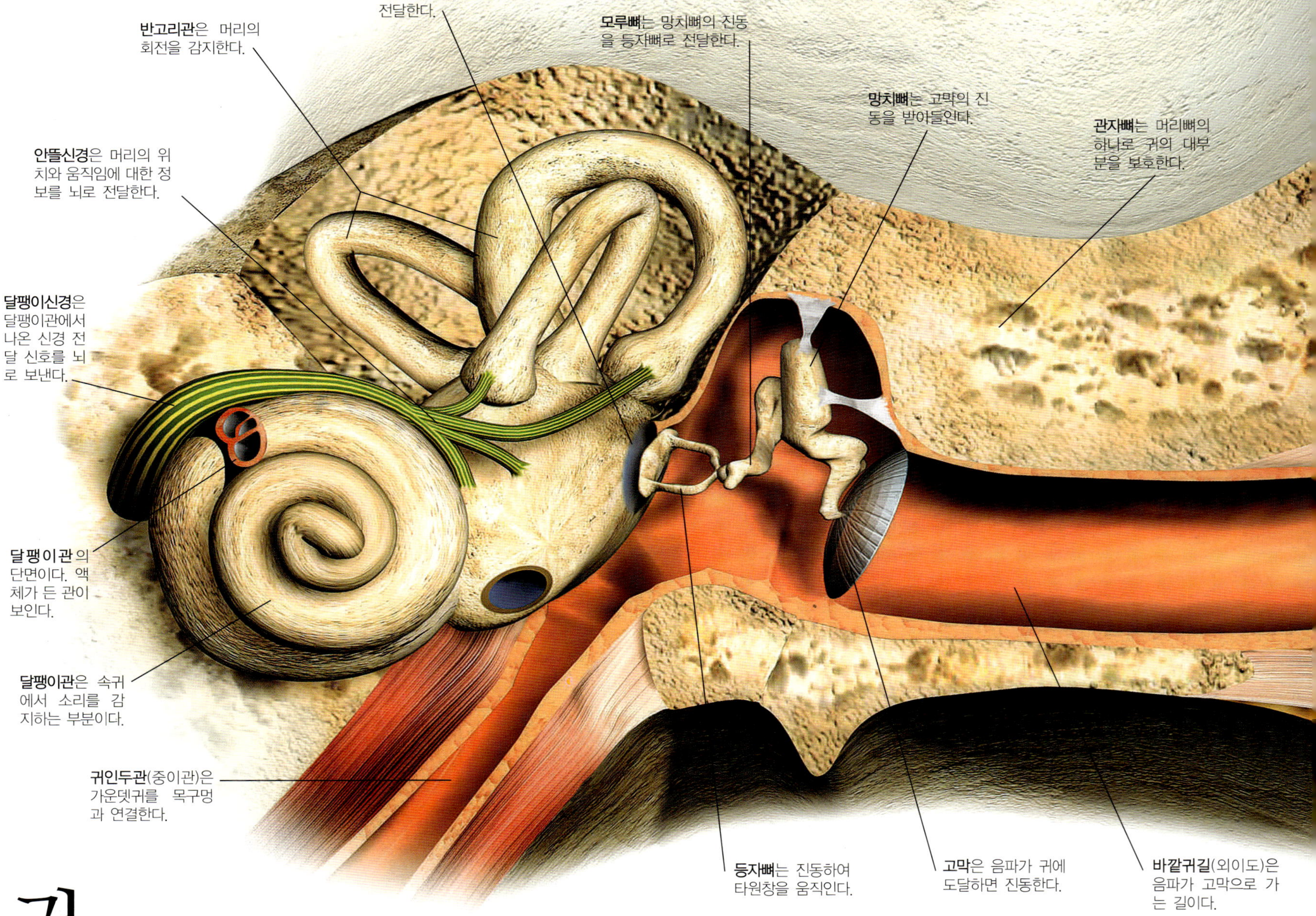

타원창은 진동을 속귀의 액체로 전달한다.

반고리관은 머리의 회전을 감지한다.

모루뼈는 망치뼈의 진동을 등자뼈로 전달한다.

안뜰신경은 머리의 위치와 움직임에 대한 정보를 뇌로 전달한다.

망치뼈는 고막의 진동을 받아들인다.

관자뼈는 머리뼈의 하나로 귀의 대부분을 보호한다.

달팽이신경은 달팽이관에서 나온 신경 전달 신호를 뇌로 보낸다.

달팽이관의 단면이다. 액체가 든 관이 보인다.

달팽이관은 속귀에서 소리를 감지하는 부분이다.

귀인두관(중이관)은 가운데귀를 목구멍과 연결한다.

등자뼈는 진동하여 타원창을 움직인다.

고막은 음파가 귀에 도달하면 진동한다.

바깥귀길(외이도)은 음파가 고막으로 가는 길이다.

귀

우리의 귀는 윙하고 울리는 모기의 희미하고 높은 소리부터 땅을 뒤흔드는 제트기의 굉음까지 엄청난 범위의 소리를 감지할 수 있다. 귀에 있는 감지기는 신경 전달 신호를 뇌의 청각중추로 보내어 우리가 듣는 소리가 무엇인지 어디서 오는지 알려준다. 귀의 대부분은 머리뼈인 관자뼈 속에 숨어 있다. 바깥귀길은 공기가 차 있는 가운뎃귀와 고막으로 분리되어 있다. 세 개의 작은 귓속뼈(망치뼈, 모루뼈, 등자뼈)는 고막과 타원창을 연결한다. 타원창은 액체로 가득 차 있는 속귀의 입구이며, 속귀에는 음파를 감지하는 달팽이관이 있다. 또한 귀는 우리가 균형을 유지하고 자세를 잡도록 도와준다. 균형 감지기도 속귀에 있다.

알고 있나요?

▶ 심한 난청 환자나 일반적인 보청기를 사용하지 못하는 사람들에게는 인공 달팽이관 이식수술이 큰 도움이 된다. 인공 달팽이관 이식수술을 받은 제마 히스라는 환자가 처음으로 소리를 듣고 환희와 놀라움에 가득 차 활짝 웃고 있다. 이식수술은 작은 전선을 그녀의 달팽이관에 삽입하고 작은 마이크를 귀 위쪽의 머리뼈에 고정하는 것이다. 마이크를 통해 소리가 들리면 달팽이관에 삽입된 전선을 통해 전기 신호가 전달되어 달팽이신경이 신경 전달 신호를 뇌로 보낸다. 그녀는 이렇게 소리의 유형을 감지한다.

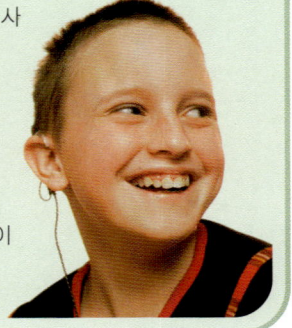

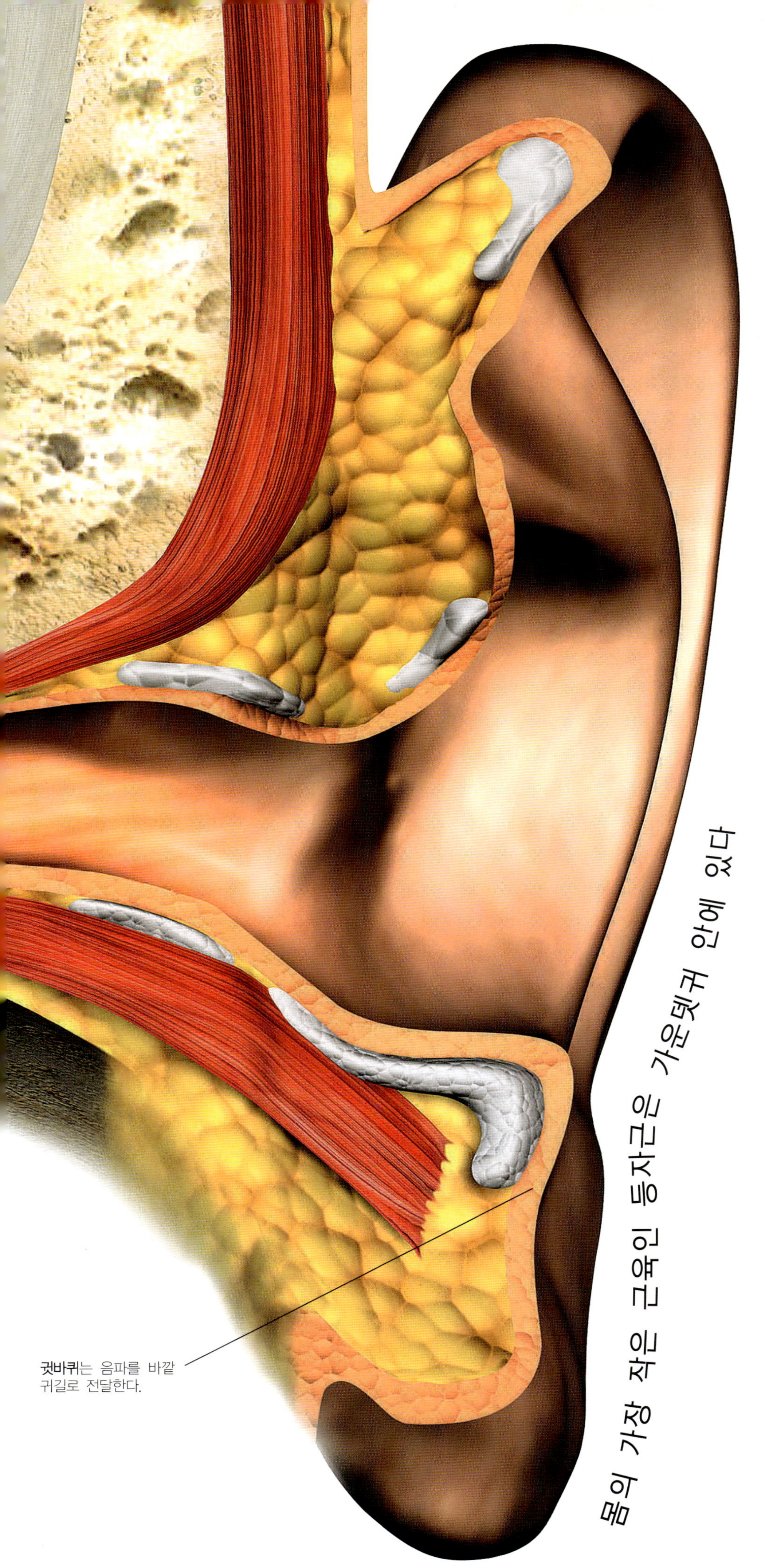

귀

균형 감각

우리가 균형을 잡고 똑바로 서 있기 위해서는 뇌가 눈, 근육, 관절뿐만 아니라 귀에 있는 평형기관이 보내는 신경 전달 신호를 계속 받아야 한다. 속귀 안에는 각기 다른 역할을 하는 두 개의 평형기관이 있다. 액체로 가득 차 있는 세 개의 반고리관은 움직임을 감지하고, 타원주머니와 둥근주머니는 중력과 가속도를 감지한다.

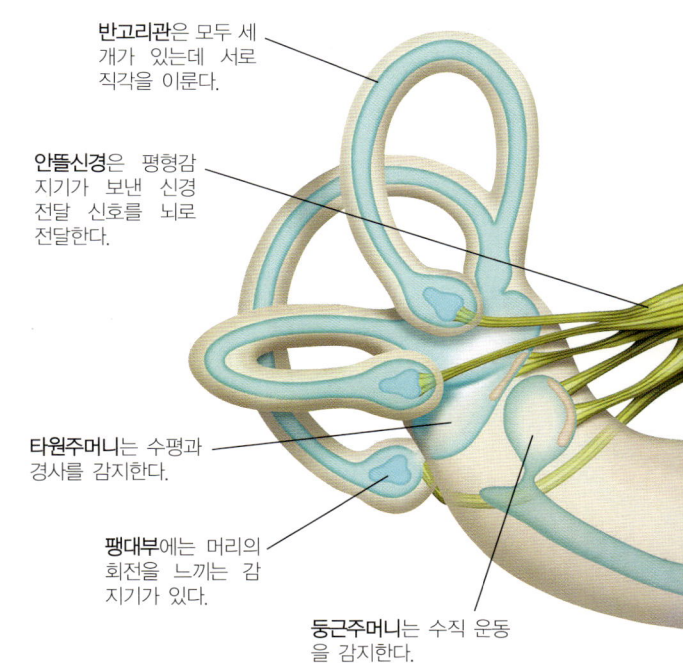

반고리관은 모두 세 개가 있는데 서로 직각을 이룬다.

안뜰신경은 평형감지기가 보낸 신경 전달 신호를 뇌로 전달한다.

타원주머니는 수평과 경사를 감지한다.

팽대부에는 머리의 회전을 느끼는 감지기가 있다.

둥근주머니는 수직 운동을 감지한다.

몸의 가장 작은 근육인 등자근은 가운뎃귀 안에 있다

귓바퀴는 음파를 바깥 귀길로 전달한다.

머리의 운동

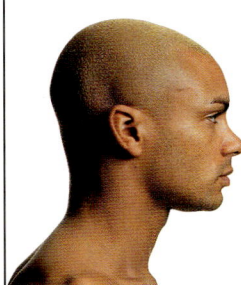

귀에 있는 평형 감지기는 머리의 위치와 움직임을 추적한다. 타원주머니와 둥근주머니는 차가 가속을 하거나 승강기를 타는 것과 같은 직선적인 움직임을 감지한다. 반고리관은 회전하는 움직임을 감지한다.

직선 운동

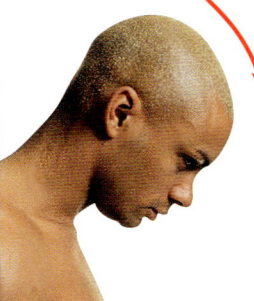

머리를 앞으로 숙이면 타원주머니에 있는 감지기가 중력 때문에 약간 앞으로 미끄러지면서 머리가 움직였다는 신호를 뇌로 보낸다. 머리나 몸이 직선의 가속도운동을 해도 같은 효과를 낸다.

회전 운동

세 개의 반고리관은 머리가 움직이는 방향과 속도를 함께 감지한다. 머리가 회전하면 관 속에 들어 있는 액체가 움직이고 감지기가 자극을 받아 뇌에 신호를 보낸다. 뇌는 각각의 반고리관이 보내온 신호를 해석하여 뇌가 회전하는 방향에 대한 정보를 알아낸다.

머리
눈

눈은 우리 주위에서 일어나는 일에 대한 엄청난 정보를 뇌로 보내고, 우리 몸의 주요 감각인 시각을 만들어낸다. 우리 눈은 감시카메라처럼 끊임없이 움직이며 주위에 있는 모든 것을 감지한다. 우리 눈은 들어오는 빛의 양을 자동적으로 조절하여 밝은 곳에서도 눈이 부시지 않게 해주고 어둑어둑한 곳에서도 볼 수 있게 해준다. 우리가 빛의 양을 조절하겠다는 생각을 하지 않아도 양쪽 눈에 있는 렌즈가 스스로 크기를 바꿔 가깝거나 먼 물체의 초점을 빛에 민감한 빛 수용기에 맞춘다. 여기서 나온 신호가 뇌에서 입체적인 영상으로 바뀐다.

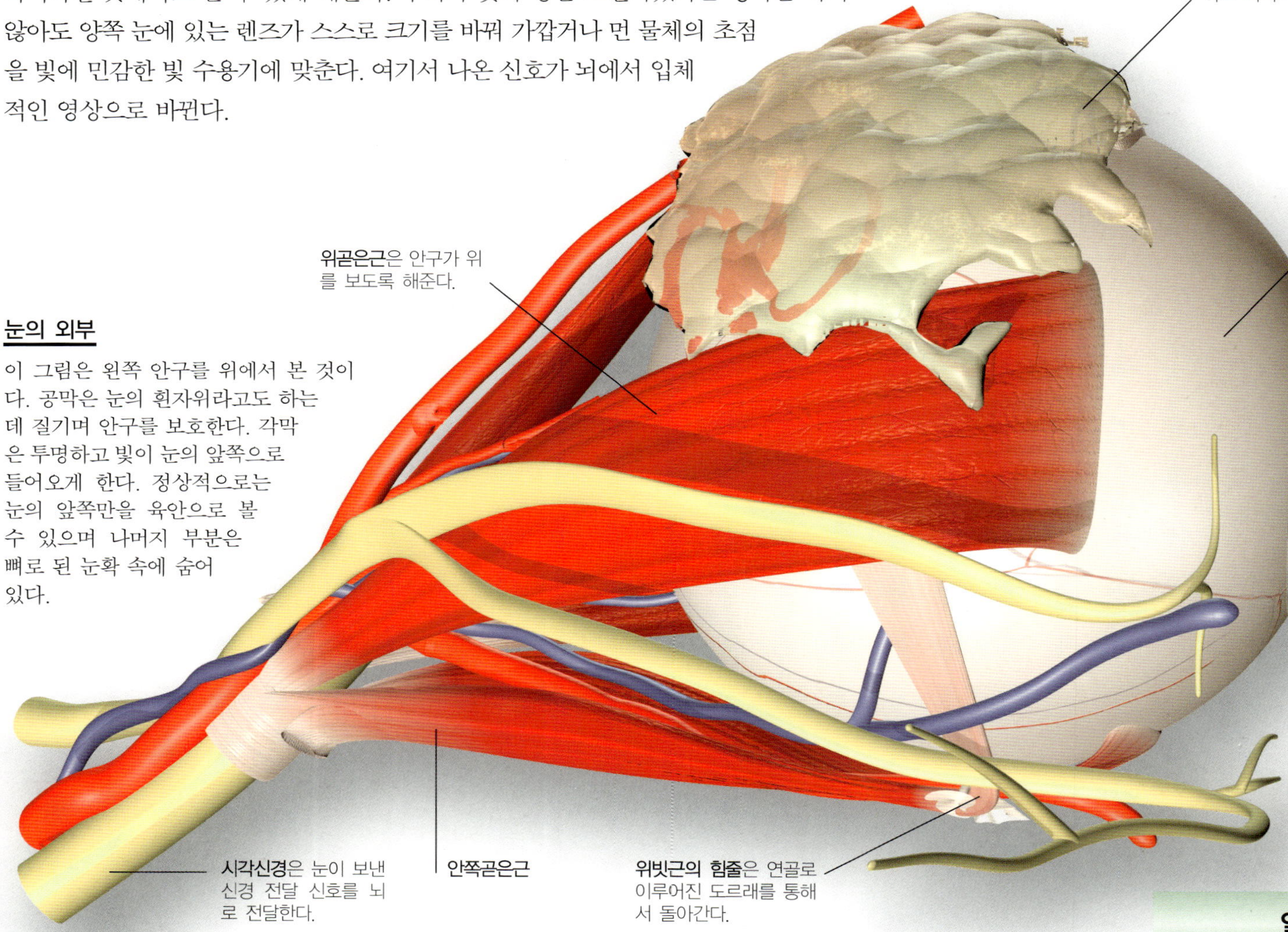

눈물샘(누선)은 눈물을 분비하여 눈의 앞쪽을 깨끗하고 촉촉하게 만든다.

공막은 질긴 조직으로 눈의 대부분을 감싸고 있다.

눈의 외부
이 그림은 왼쪽 안구를 위에서 본 것이다. 공막은 눈의 흰자위라고도 하는데 질기며 안구를 보호한다. 각막은 투명하고 빛이 눈의 앞쪽으로 들어오게 한다. 정상적으로는 눈의 앞쪽만을 육안으로 볼 수 있으며 나머지 부분은 뼈로 된 눈확 속에 숨어 있다.

위곧은근은 안구가 위를 보도록 해준다.

각막은 눈의 앞쪽에 있는 투명한 부분이다.

시각신경은 눈이 보낸 신경 전달 신호를 뇌로 전달한다.

안쪽곧은근

위빗근의 힘줄은 연골로 이루어진 도르래를 통해서 돌아간다.

안쪽과 바깥쪽 보기
이 그림은 눈을 움직이는 세 쌍의 근육을 보여준다. 곧은근은 반듯하게 지나가고 빗근은 비스듬하게 지나간다.

위쪽과 아래쪽 보기
한쪽 눈 근육은 공막에 붙어 있고 다른 쪽은 뼈로 된 눈확에 붙어 있다.

위곧은근은 눈을 위로 당긴다.

주위 둘러보기
눈은 움직이는 물체는 부드럽게 따라다니면서 계속 움직이고, 멈춰 있는 물체는 단속적으로 움직이면서 탐지한다.

위빗근은 눈을 위와 옆으로 당긴다.

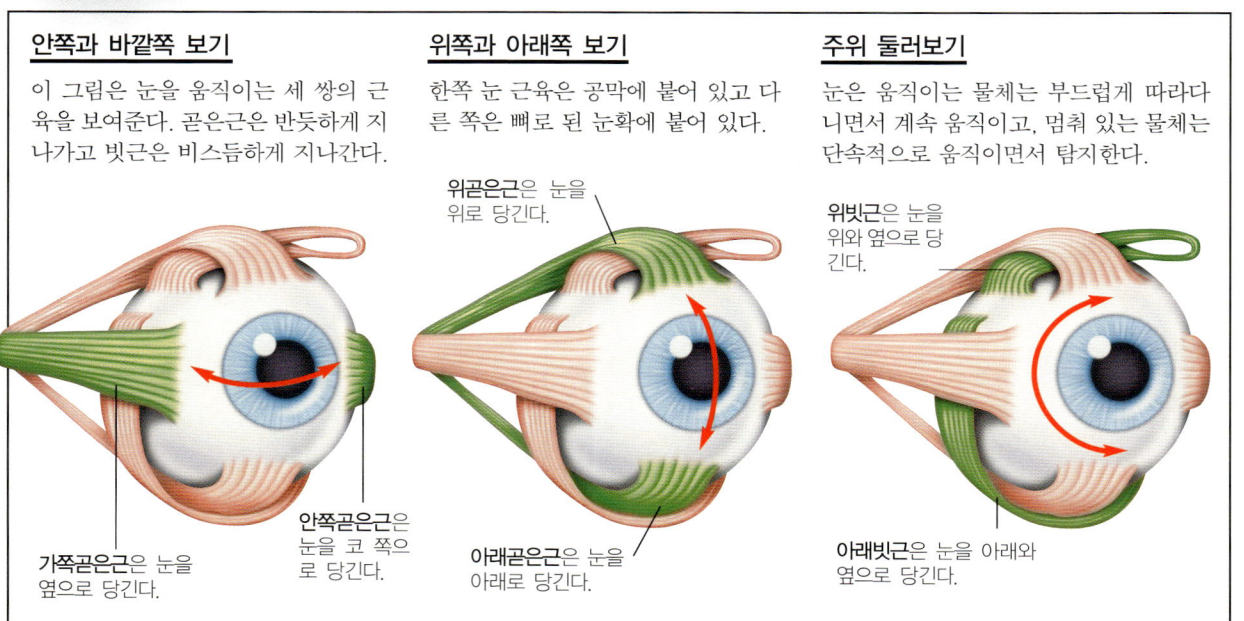

가쪽곧은근은 눈을 옆으로 당긴다.

안쪽곧은근은 눈을 코 쪽으로 당긴다.

아래곧은근은 눈을 아래로 당긴다.

아래빗근은 눈을 아래와 옆으로 당긴다.

알고 있나요?

홍채의 색깔과 무늬는 지문처럼 사람에 따라 각각 다르다. 홍채의 이런 유일무이한 특징은 신원을 확인하는 보안 검사에 사용된다. 이 그림은 홍채를 컴퓨터로 찍어 색깔과 무늬를 표시한 것이다. 신원을 확인할 때는 저장된 홍채의 색깔과 무늬를 새로 찍은 것과 비교하면 된다.

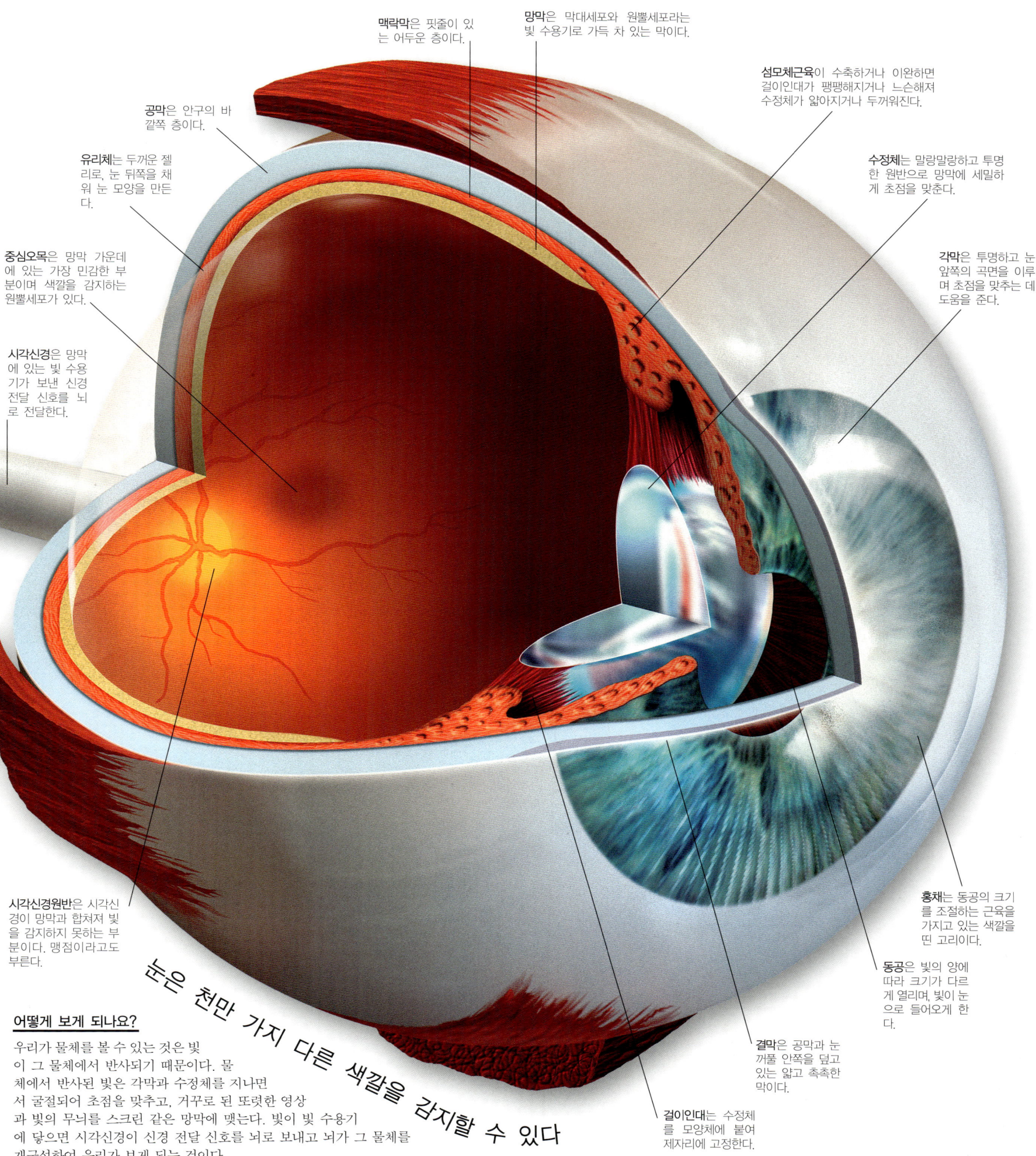

입과 목구멍

침샘은 하루 약 1리터의 침을 입안에 쏟아 붓는다

입을 벌릴 수 없다고 상상해보자. 먹고 마실 수도 없고 말을 하거나 달리기를 하고 나서 숨을 몰아쉴 수도 없을 것이다. 하지만 우리는 다행히도 입을 벌릴 수 있고 음식물을 먹고 마시며 마지막엔 공기가 지나가는 통로를 제공하고 후두에서 만들어진 소리의 파동을 잘 다듬어 음성으로 만들어 낸다. 입안을 촉촉하고 깨끗하게 하는 침 때문에 우리 입안은 축축하고 면적은 작하다. 목구멍은 코안 뒤쪽에서 목 중간까지 내려오는 근육으로 이루어진 판이다. 목구멍은 공기와 음식물을 그들의 목적지까지 보내주기까지 운반한다. 여기서는 혀를 제외한 입과 목구멍을 관찰한다.

혀

입은 앞쪽은 입술로, 위쪽은 단단입천장과 무른입천장으로, 옆쪽은 볼로, 아래쪽은 혀로 막혀 있다. 그 안쪽 공간을 입안이라고 한다. 입안 뒤쪽에는 목구멍이 있다. 목구멍이 음식물 덩어리와 공기를 아래쪽으로 들여보내고 음식물과 공기를 통해 들어온 해로운 세균을 파괴한다.

이마동굴(전두동)은 머리뼈의 비어 있는 공간 중 하나로 머리뼈의 무게를 줄여 준다.

단단입천장은 입안에 있는 천장이 대부분을 이룬다.

코안(비강)은 입의 비어 있는 공간으로 공기가 이곳을 통해 무구멍으로 드나든다.

무른입천장(연구개)은 얇은 판 모양의 근육으로 음식물이 코안에 들어가지 않도록 한다.

코안도 목구멍의 윗부분이다.

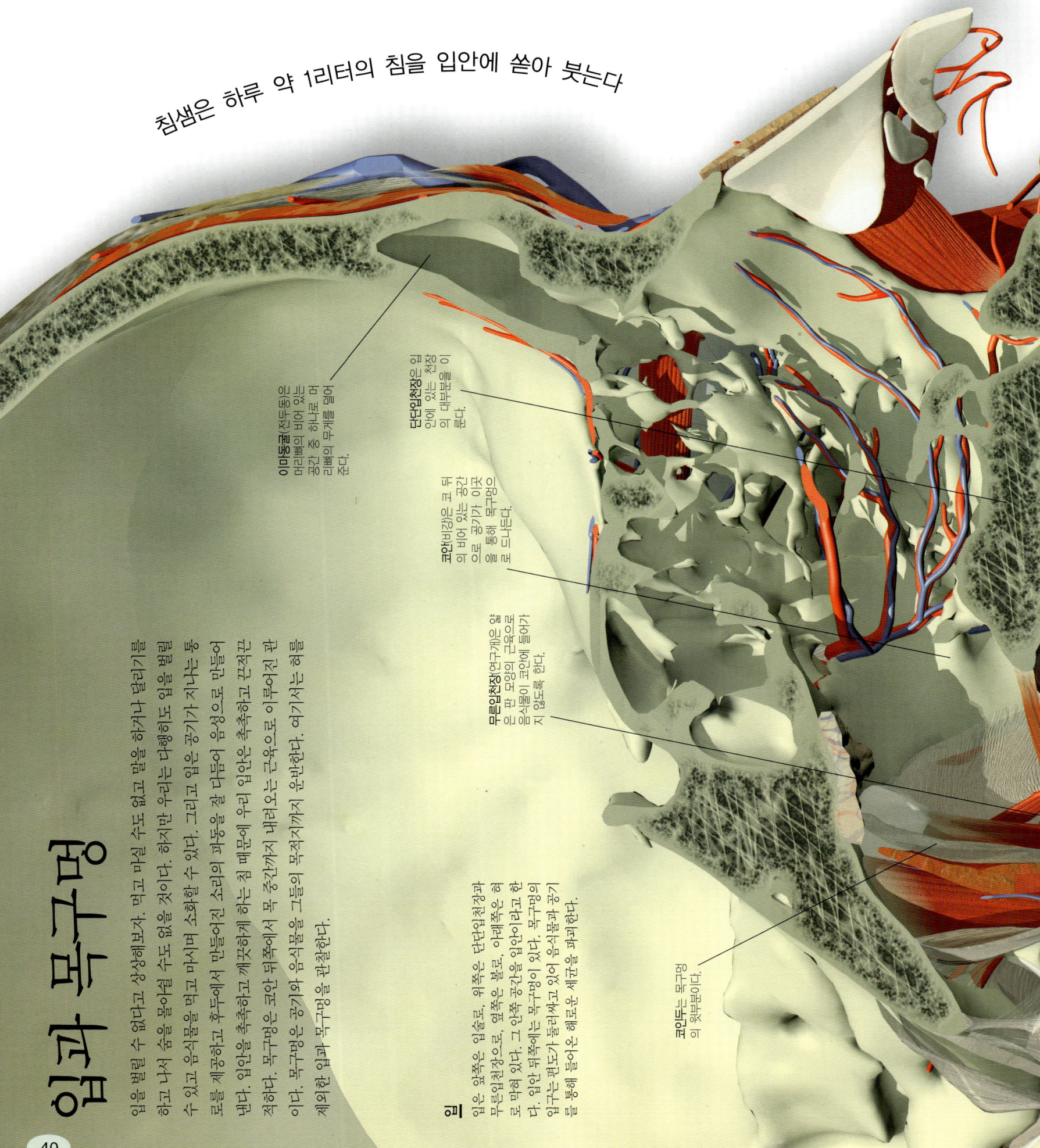

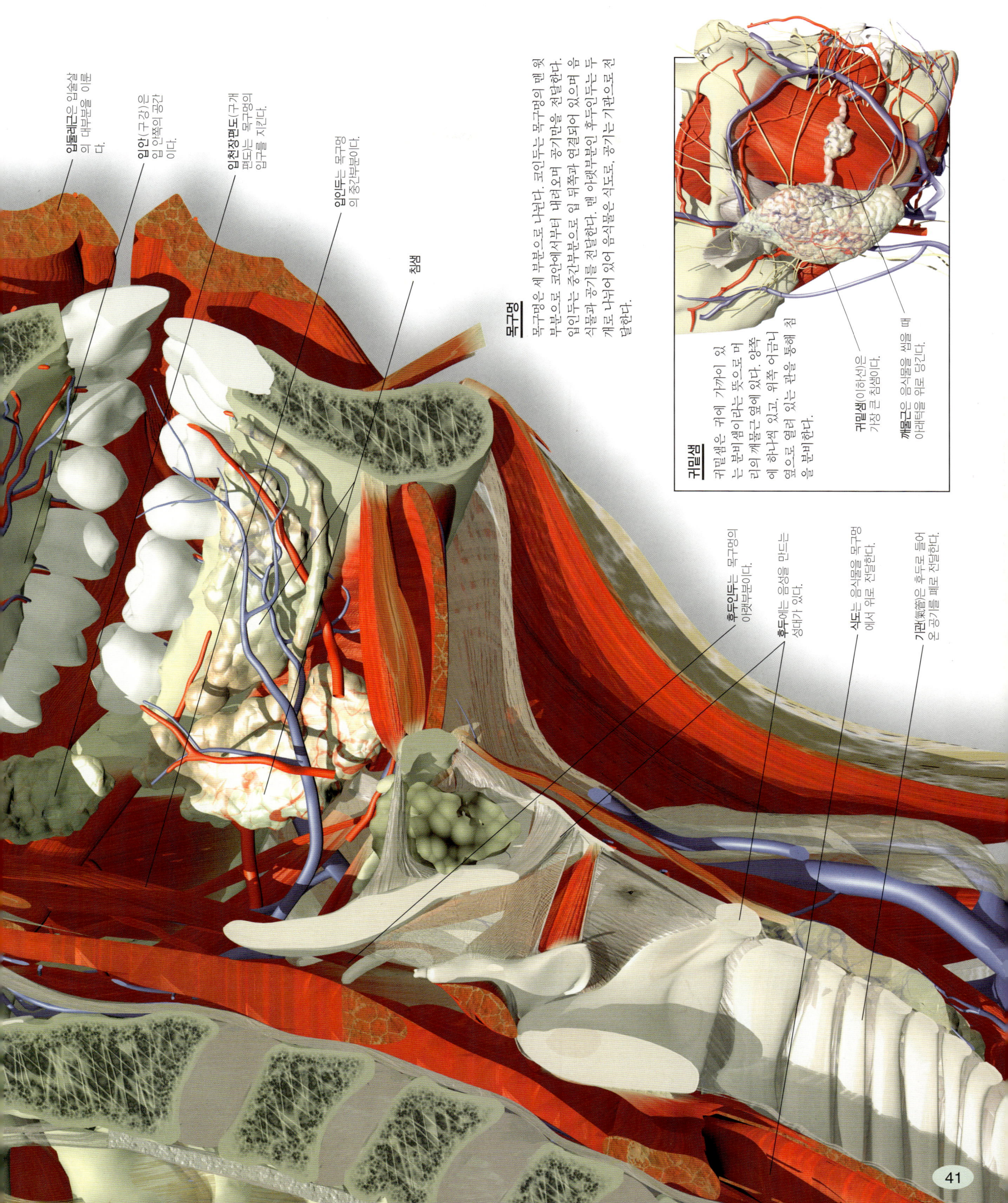

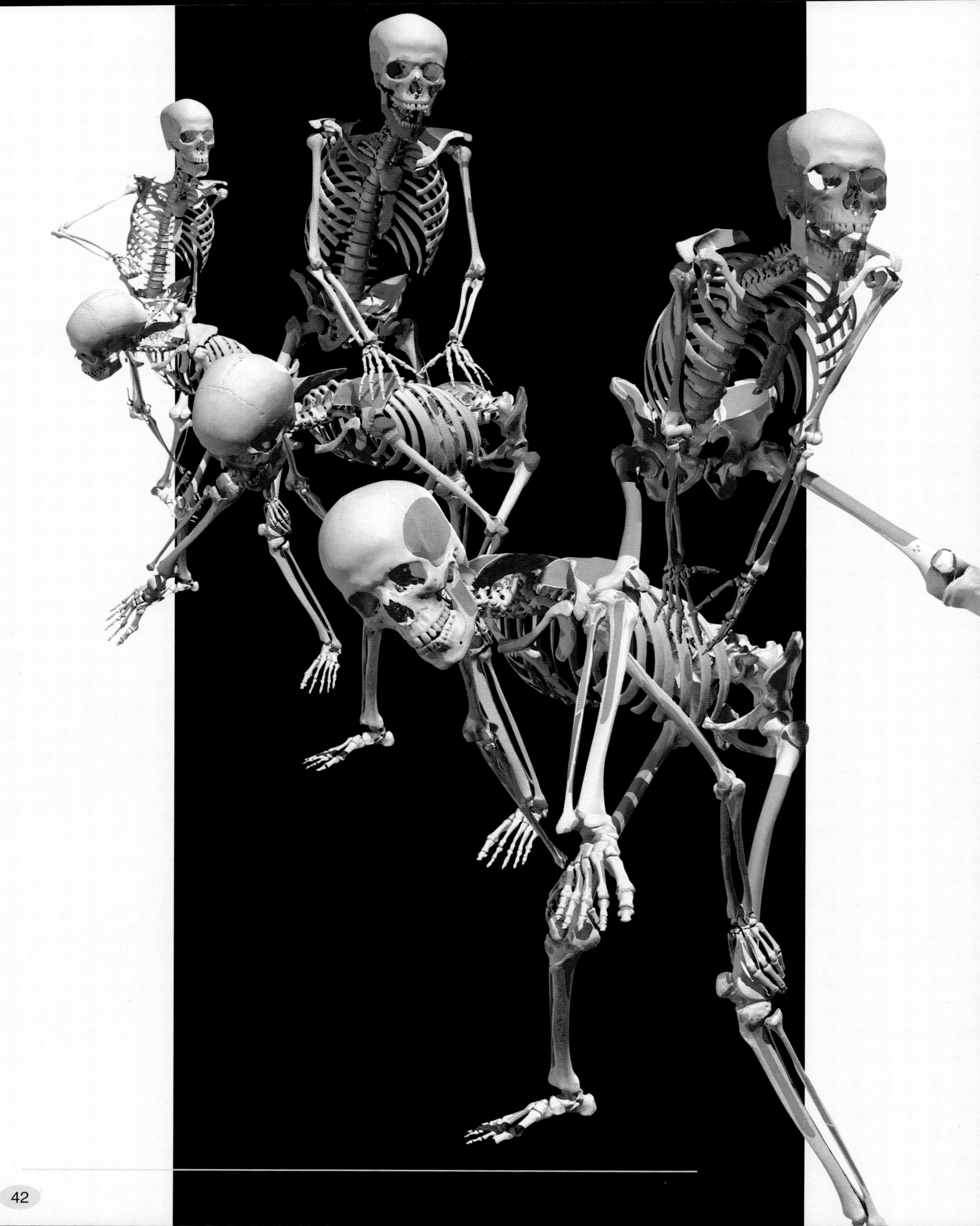

윗몸

윗몸을 여행하다보면 심장, 폐, 위 그 밖의 많은 것들을 만나게 된다. 그리고 팔과 손이 어떻게 일하는지, 우리가 살아가는 데 이것이 왜 그렇게 중요한지 알게 될 것이다.

가슴	44	배	62
심장	46	소화계	64
호흡계	48	위	66
폐	50	간과 쓸개주머니	68
어깨	52	창자	70
팔과 팔꿈치	54	골반	72
손과 손목	56	신장과 방광	74
척주와 등	58	여성 생식기	76
몸통 근육	60	남성 생식기	78

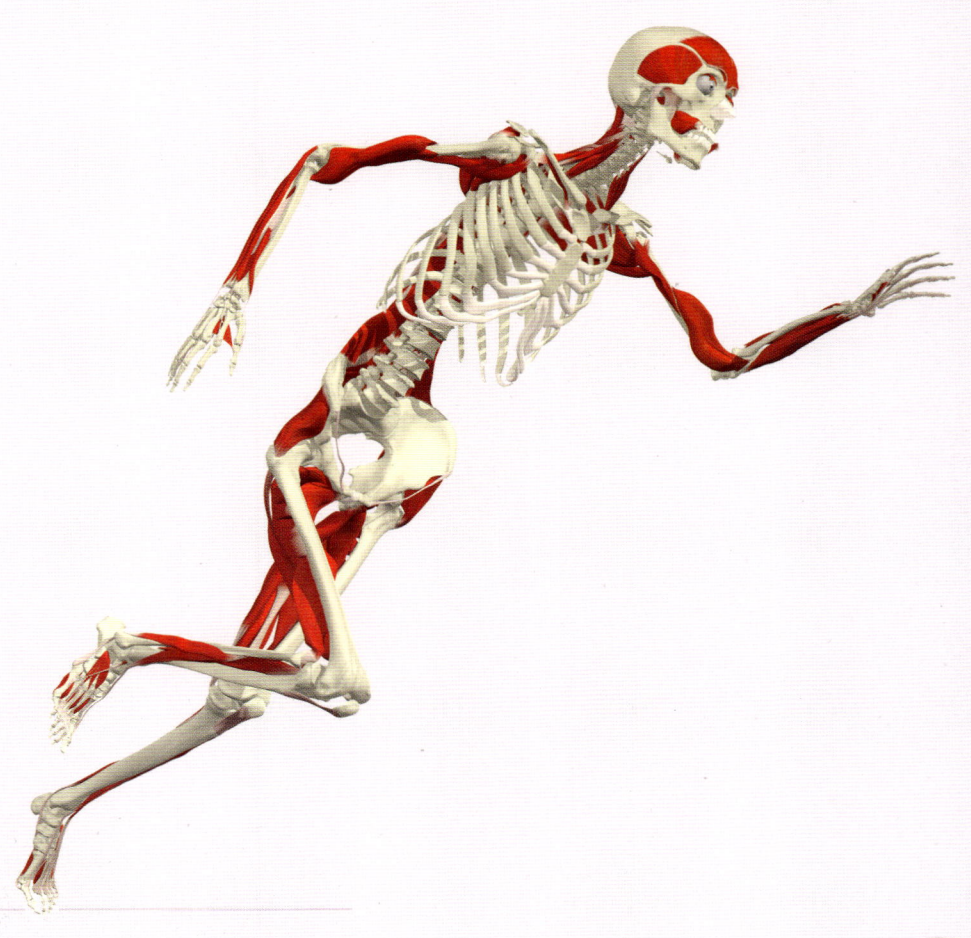

윗몸
가슴

우리 몸의 중심 부분 즉 팔, 다리, 목이 붙어 있는 부분을 몸통이라고 한다. 몸통의 위쪽 반은 가슴 또는 흉부라고 하고 가슴 속에 있는 공간을 가슴안(흉강)이라고 한다. 가슴안에는 심장, 폐, 중요한 핏줄이 들어 있다. 가슴우리(흉곽)는 가슴의 벽을 만들어주는데 가슴에 있는 장기를 보호하고 숨을 쉴 수 있도록 위아래로 움직인다.

가슴우리

갈비뼈는 유연한 뼈로 가슴 속에 있는 부드러운 기관을 빗장처럼 둘러싸서 보호한다. 가슴우리는 12쌍의 휘어진 갈비뼈, 단검 모양을 한 복장뼈, 12개의 등뼈로 이루어져 있다. 갈비뼈는 유연하고 가늘고 긴 갈비연골을 통해 뒤에 있는 흉추와 앞에 있는 복장뼈와 연결되어 움직임이 가능한 관절이 된다.

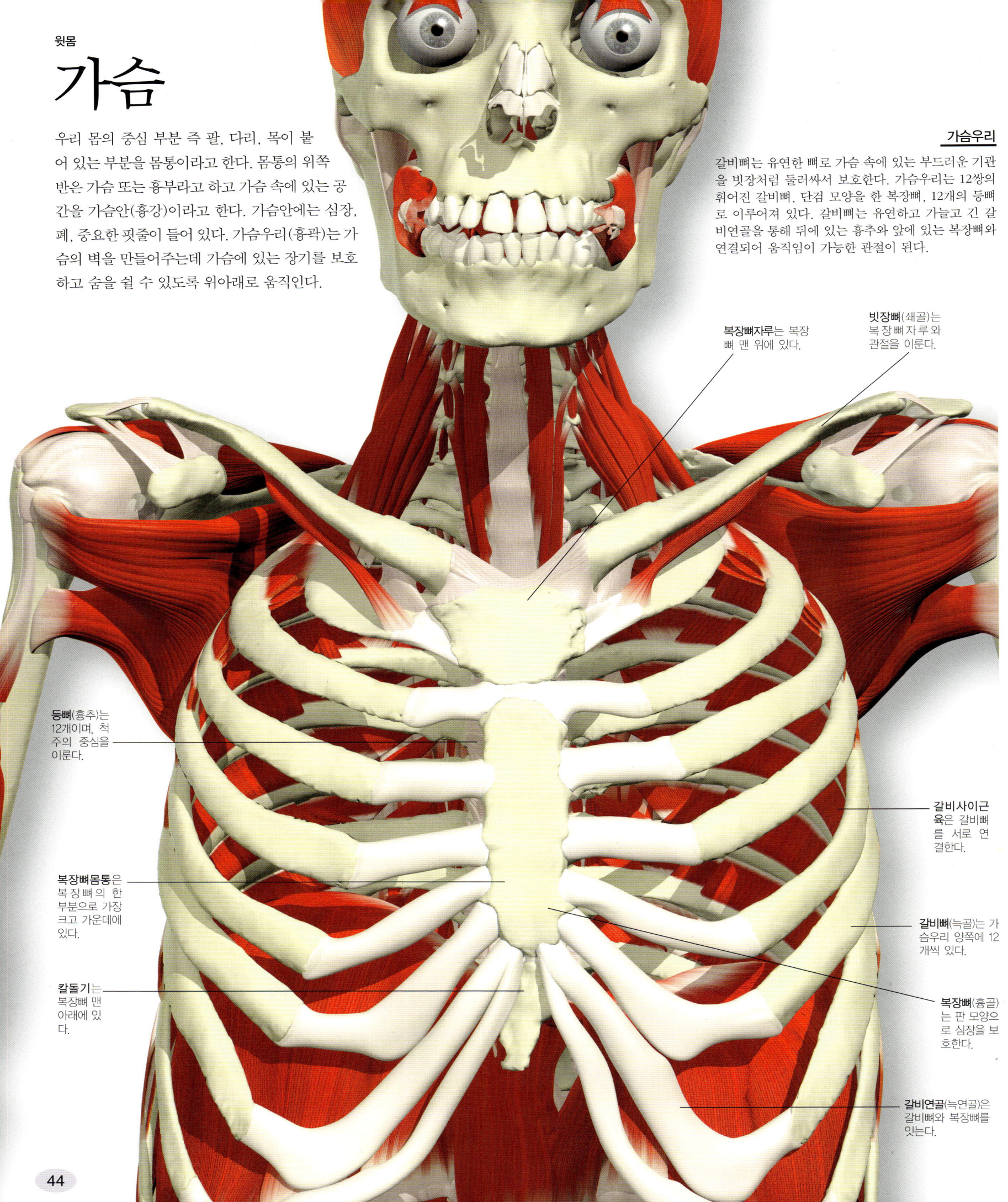

복장뼈자루는 복장뼈 맨 위에 있다.

빗장뼈(쇄골)는 복장뼈 자루와 관절을 이룬다.

등뼈(흉추)는 12개이며, 척주의 중심을 이룬다.

갈비사이근육은 갈비뼈를 서로 연결한다.

복장뼈몸통은 복장뼈의 한 부분으로 가장 크고 가운데에 있다.

갈비뼈(늑골)는 가슴우리 양쪽에 12개씩 있다.

복장뼈(흉골)는 판 모양으로 심장을 보호한다.

칼돌기는 복장뼈 맨 아래에 있다.

갈비연골(늑연골)은 갈비뼈와 복장뼈를 잇는다.

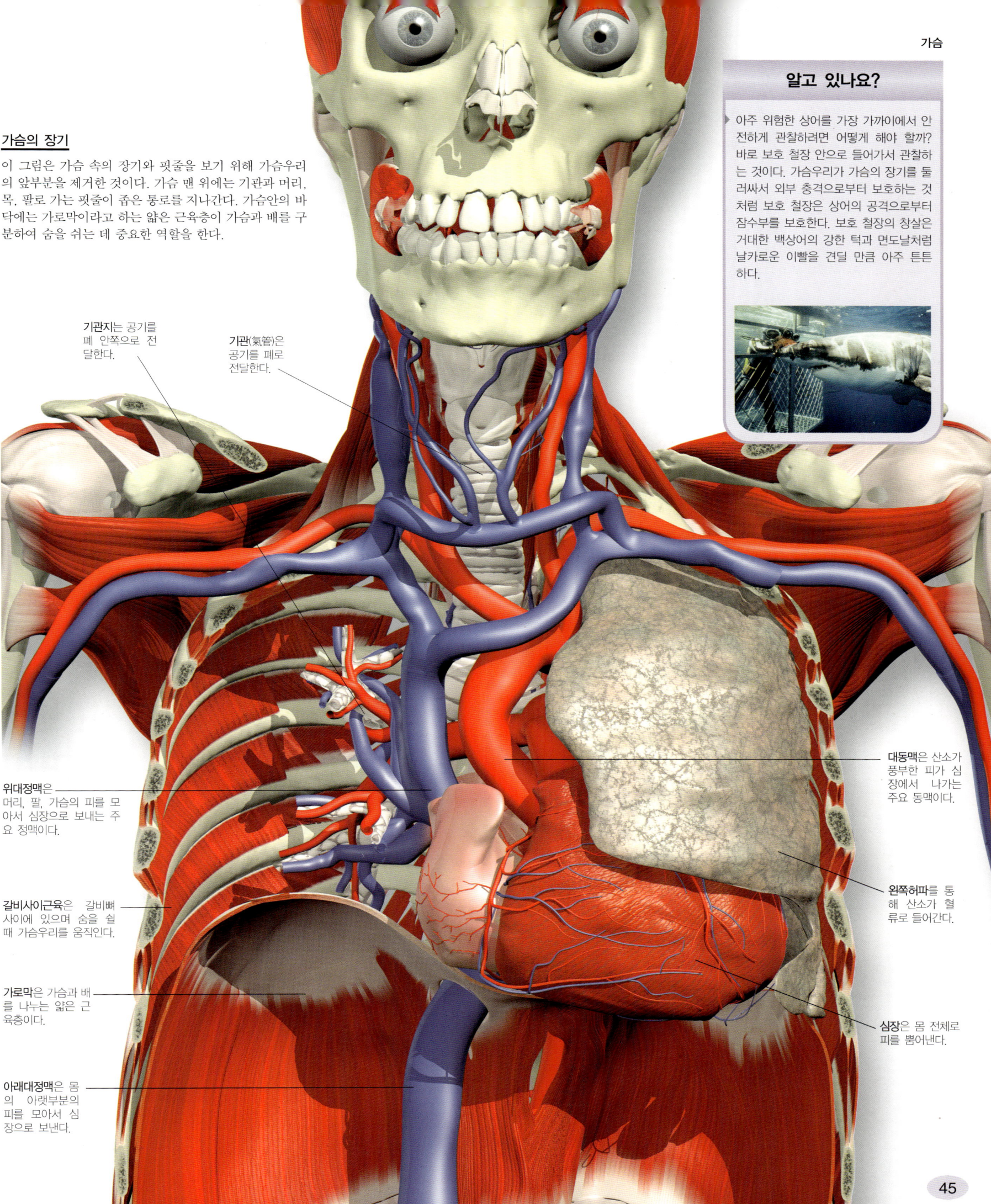

가슴의 장기

이 그림은 가슴 속의 장기와 핏줄을 보기 위해 가슴우리의 앞부분을 제거한 것이다. 가슴 맨 위에는 기관과 머리, 목, 팔로 가는 핏줄이 좁은 통로를 지나간다. 가슴안의 바닥에는 가로막이라고 하는 얇은 근육층이 가슴과 배를 구분하여 숨을 쉬는 데 중요한 역할을 한다.

알고 있나요?

▶ 아주 위험한 상어를 가장 가까이에서 안전하게 관찰하려면 어떻게 해야 할까? 바로 보호 철장 안으로 들어가서 관찰하는 것이다. 가슴우리가 가슴의 장기를 둘러싸서 외부 충격으로부터 보호하는 것처럼 보호 철장은 상어의 공격으로부터 잠수부를 보호한다. 보호 철장의 창살은 거대한 백상어의 강한 턱과 면도날처럼 날카로운 이빨을 견딜 만큼 아주 튼튼하다.

- **기관지**는 공기를 폐 안쪽으로 전달한다.
- **기관(氣管)**은 공기를 폐로 전달한다.
- **위대정맥**은 머리, 팔, 가슴의 피를 모아서 심장으로 보내는 주요 정맥이다.
- **갈비사이근육**은 갈비뼈 사이에 있으며 숨을 쉴 때 가슴우리를 움직인다.
- **가로막**은 가슴과 배를 나누는 얇은 근육층이다.
- **아래대정맥**은 몸의 아랫부분의 피를 모아서 심장으로 보낸다.
- **대동맥**은 산소가 풍부한 피가 심장에서 나가는 주요 동맥이다.
- **왼쪽허파**를 통해 산소가 혈류로 들어간다.
- **심장**은 몸 전체로 피를 뿜어낸다.

심장

심장은 피를 몸의 가장 먼 곳까지 보냈다가 다시 돌아오도록 쉬지 않고 펌프질을 한다. 피가 순환하는 동안 몸속에 있는 모든 세포는 산소, 영양분, 그 외에 필수적인 성분을 공급받는다. 각 심장박동은 조절되어 연속적으로 일어나는데, 심장 속으로 피를 통과시킨 후 목적지로 보낸다. 쉬고 있을 때 심장박동은 1분에 약 70번 정도 일어나지만 운동하고 있을 때는 더 빨라진다. 심장이 수축하는 힘은 매우 강해서 1분 안에 우리 몸 전체에 피를 채울 수 있다. 우리가 80년 동안 산다고 하면 심장은 쉬지 않고 평생 동안 약 30억 번 박동한다고 볼 수 있다.

왼온목동맥은 산소가 풍부한 피를 심장에서 머리로 보낸다.

갈비뼈는 심장을 둘러싸고 보호한다.

심장은 보통 사람의 99퍼센트가 왼쪽으로 치우쳐 있고 나머지가 오른쪽으로 치우쳐 있다.

오른심방은 심장의 오른쪽 위에 있는 방이다.

심장동맥그물(관상동맥그물)은 심장근육에 산소와 영양분을 계속 공급하는 동맥계다.

근육으로 된 펌프

주먹만 한 크기의 심장은 가슴안의 폐 양쪽 사이에 있고, 끝부분은 우리 몸의 왼쪽에 치우쳐 있다. 심장의 벽은 다른 곳에서는 볼 수 없는 근육의 형태인 심장근육으로 이루어져 있다. 이 근육은 쉬지 않고 스스로의 리듬에 따라 수축하며 속도는 심장 자체에 있는 심박조절기에 의해 조절된다. 열심히 일하는 심장근육은 심장동맥을 통해 스스로 피를 공급한다.

알고 있나요?

밸런타인데이 카드에는 왜 하트 모양이 그려져 있을까? 사람들은 왜 '상심했다'는 말을 하는 것일까? 그것은 예전 사람들이 심장이 사랑과 감정을 주관한다고 생각했기 때문이다. 지금은 비록 뇌가 이런 느낌을 지배한다는 사실이 알려졌지만 이러한 믿음은 아직까지 남아 있다.

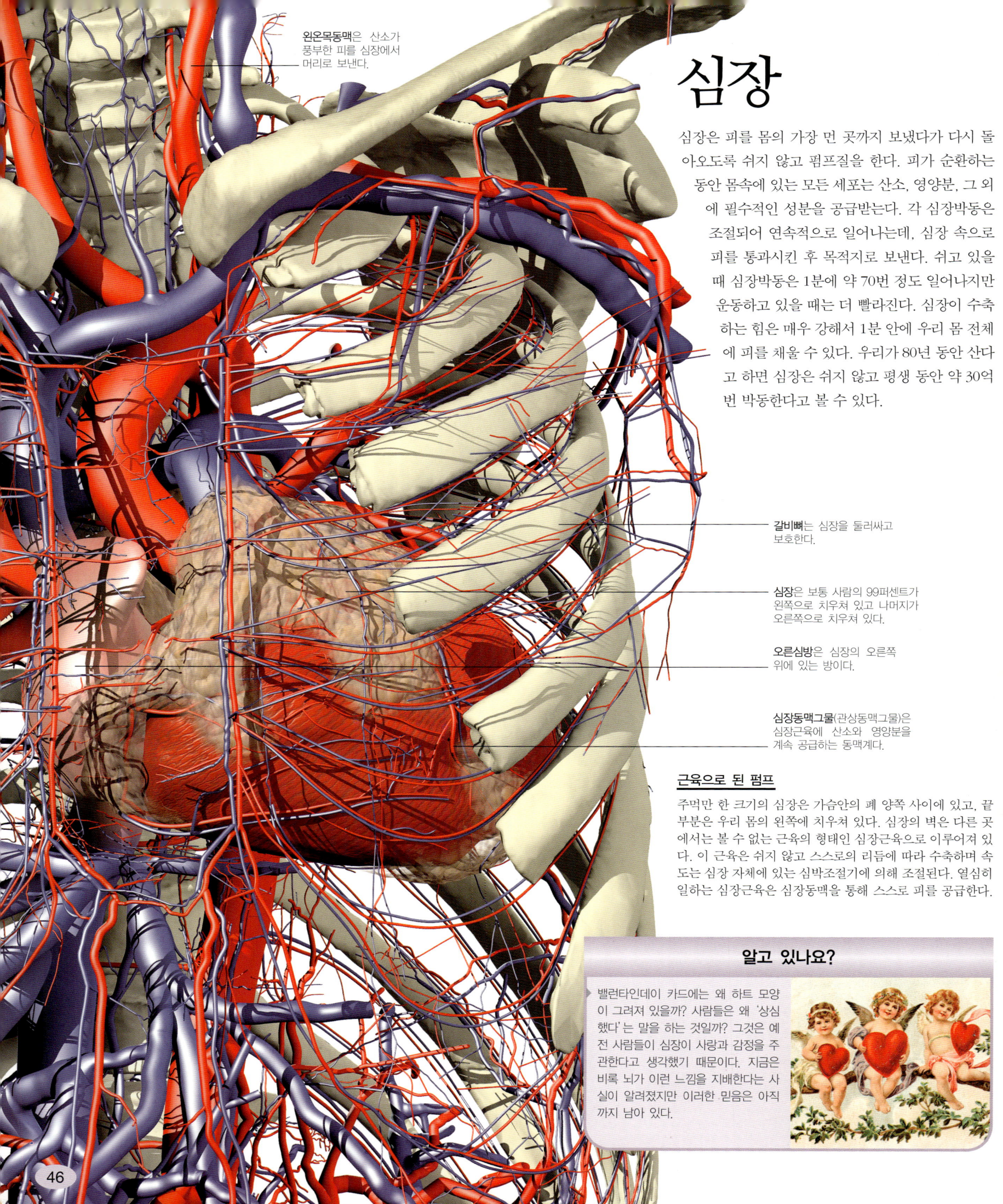

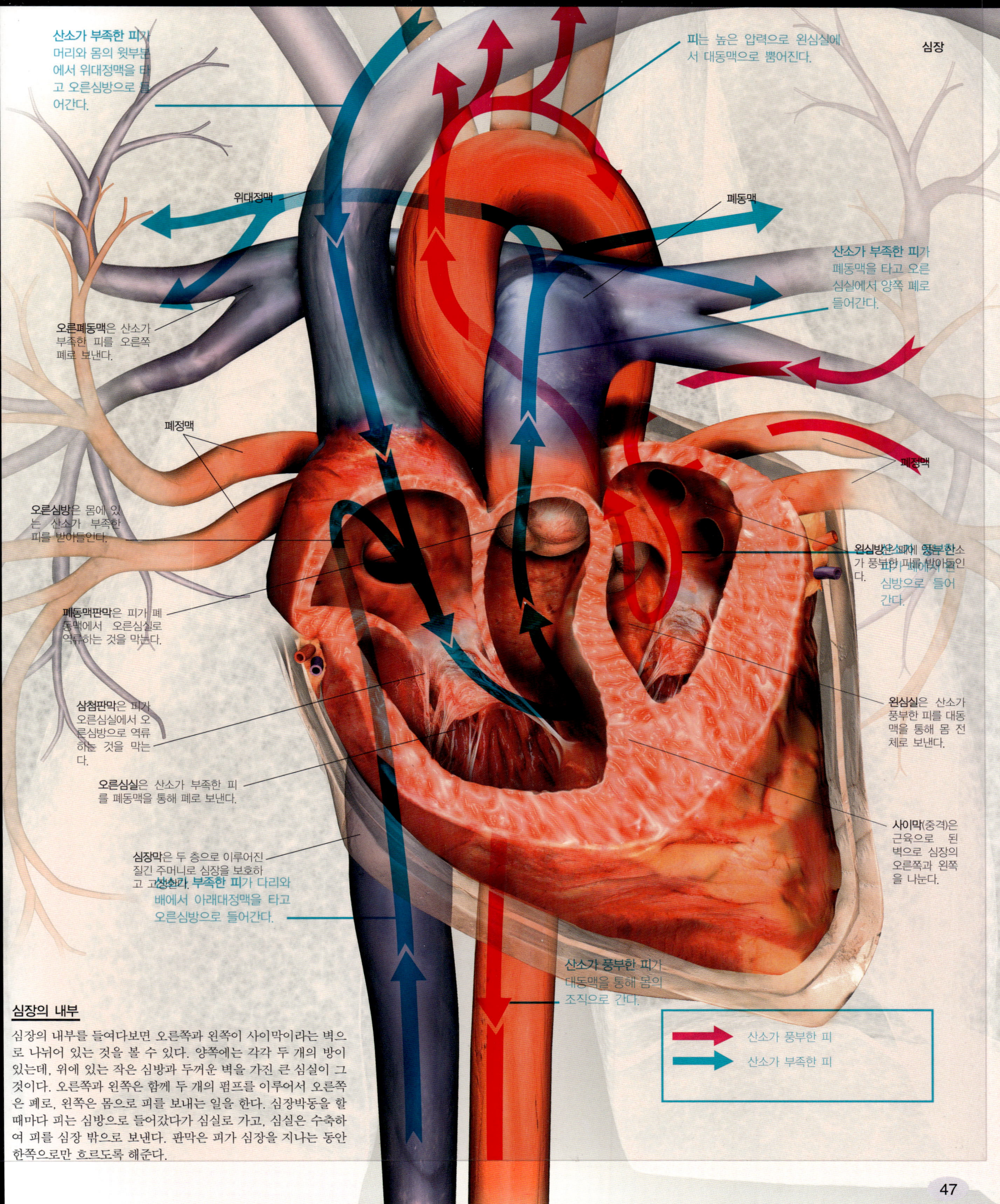

윗몸

호흡계

호흡계는 산소를 몸 안으로 받아들이고 이산화탄소를 제거한다. 세포가 살아가기 위해서는 산소를 사용하여 에너지를 만들어야 하는데, 이것은 세포 호흡을 통해 이루어진다. 이 과정에서 폐기물로 이산화탄소가 생기는데 몸에 해를 주지 않도록 제거해야 한다. 호흡계는 폐와 공기가 드나드는 기도로 이루어져 있다. 호흡계는 산소가 들어 있는 신선한 공기를 몸 안으로 받아들이고 이산화탄소가 들어 있는 묵은 공기를 밖으로 내보내는 일을 한다. 사람은 하루에 대략 2만 번 정도 숨을 쉬는데, 세포가 계속 산소를 필요로 하기 때문에 숨 쉬는 것을 절대로 멈출 수 없다.

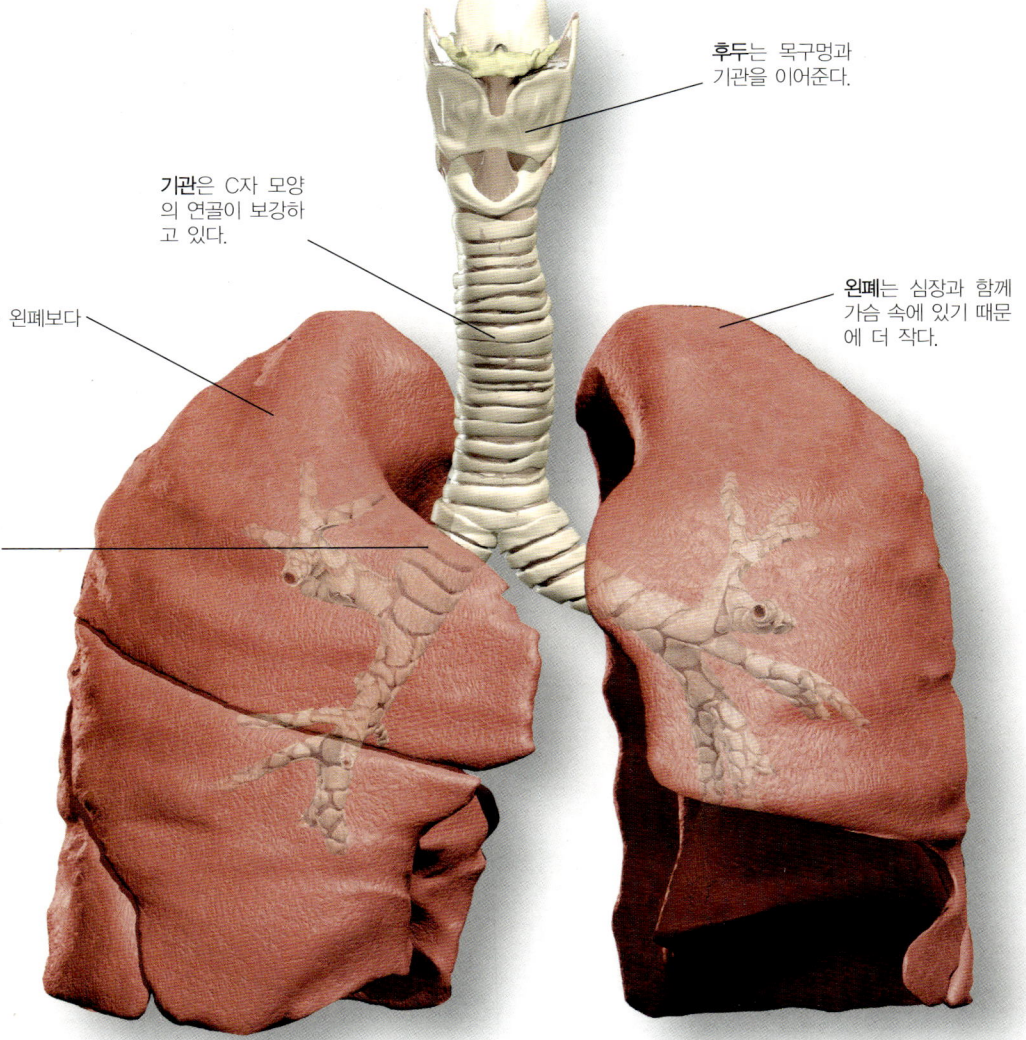

후두는 목구멍과 기관을 이어준다.

기관은 C자 모양의 연골이 보강하고 있다.

왼폐는 심장과 함께 가슴 속에 있기 때문에 더 작다.

오른폐는 왼폐보다 더 크다.

오른기관지는 기관에서 뻗은 한 가지이며, 오른폐로 가는 공기를 전달한다.

폐와 기도

우리가 숨을 들이쉬면 공기는 코, 입, 목구멍, 후두, 기관으로 이루어진 기도를 따라 폐로 들어온다. 기관의 맨 끝은 기관지라고 부르는 두 개의 가지로 나뉘어 기관지는 각각 양쪽 폐로 들어가서 계속 가지를 친다. 폐의 깊은 곳에서 산소가 피로 들어간다.

알고 있나요?

인간은 물속에서 숨을 쉴 수 없지만 스쿠버다이버는 탱크에 있는 공기로 숨 쉬는 방법을 고안해 이 문제를 해결했다. 하지만 잠수는 아주 위험할 수 있다. 깊은 곳으로 잠수하면 질소(공기 중에 있는 이 기체는 우리 몸이 사용할 수 없다)가 피에 녹아드는데 이때 잠수부가 너무 빨리 위로 올라오면 질소가 기포가 되면서 관절로 들어가 잠수병 통증이라고 부르는 극심한 통증을 일으키게 된다.

후두

후두는 목구멍과 기관을 이어주는 부분이다. 후두는 연골 판으로 이루어진 깔때기 모양의 구조를 하고 있다. 맨 위쪽에 있는 나뭇잎 모양의 판을 후두덮개라고 부르는데 후두덮개는 우리가 음식물을 삼킬 때 후두의 입구를 막아주어 음식물이 폐로 들어가지 못하도록 해준다. 성대라고 하는 두 개의 막은 후두를 가로질러 뻗어 있다. 공기가 폐에서 빠져나와 성대를 지나갈 때 소리가 생겨나는데 입과 혀의 움직임이 이 소리를 다듬어 말로 만들어낸다.

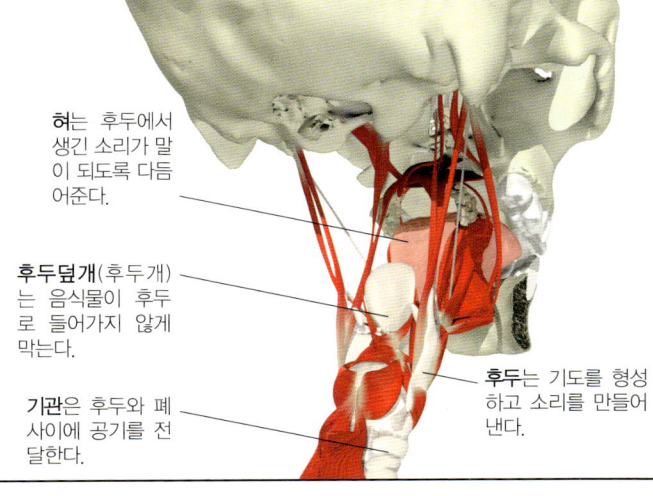

혀는 후두에서 생긴 소리가 말이 되도록 다듬어준다.

후두덮개(후두개)는 음식물이 후두로 들어가지 않게 막는다.

기관은 후두와 폐 사이에 공기를 전달한다.

후두는 기도를 형성하고 소리를 만들어 낸다.

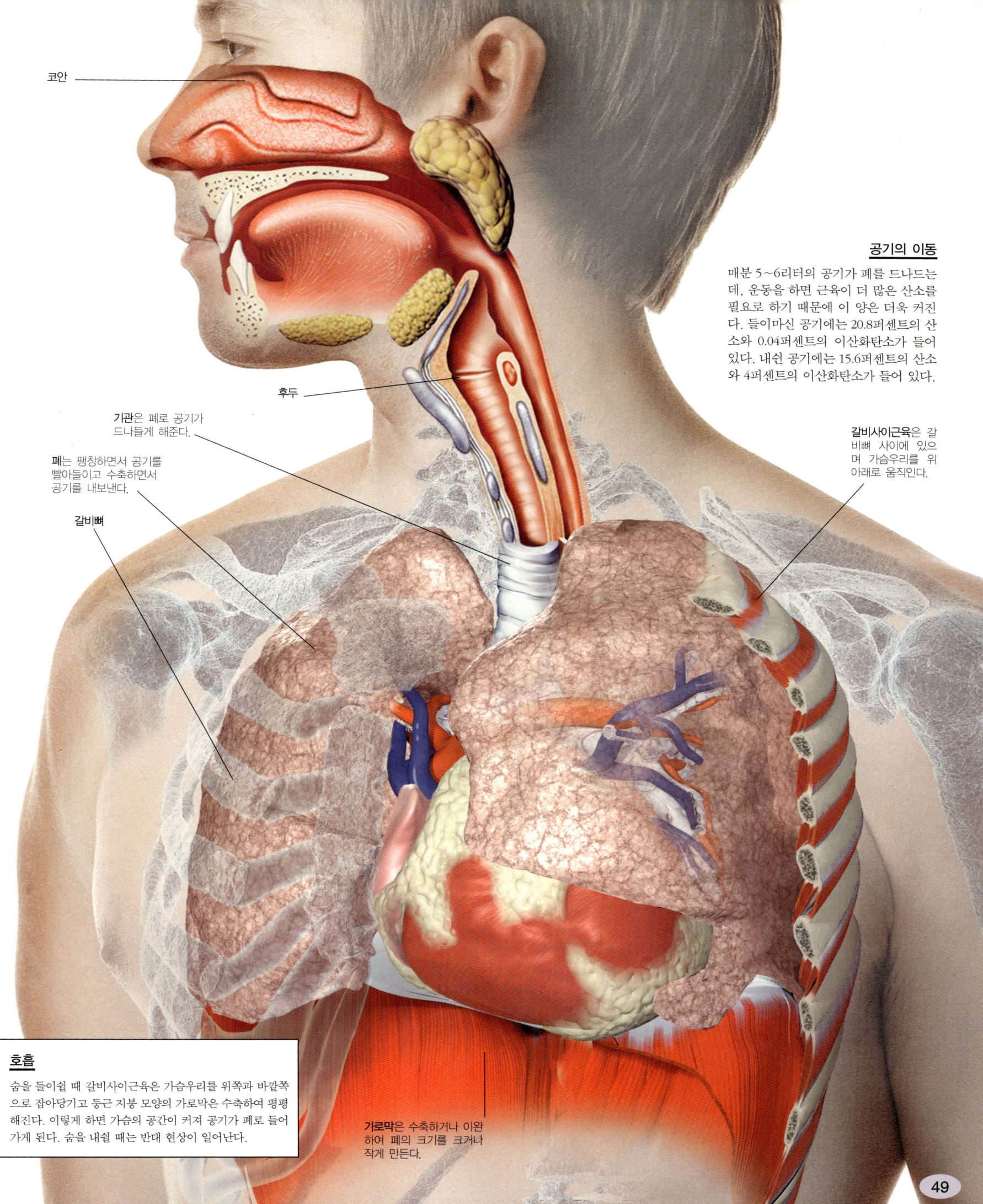

코안

공기의 이동

매분 5~6리터의 공기가 폐를 드나드는데, 운동을 하면 근육이 더 많은 산소를 필요로 하기 때문에 이 양은 더욱 커진다. 들이마신 공기에는 20.8퍼센트의 산소와 0.04퍼센트의 이산화탄소가 들어 있다. 내쉰 공기에는 15.6퍼센트의 산소와 4퍼센트의 이산화탄소가 들어 있다.

후두

기관은 폐로 공기가 드나들게 해준다.

폐는 팽창하면서 공기를 빨아들이고 수축하면서 공기를 내보낸다.

갈비뼈

갈비사이근육은 갈비뼈 사이에 있으며 가슴우리를 위아래로 움직인다.

호흡

숨을 들이쉴 때 갈비사이근육은 가슴우리를 위쪽과 바깥쪽으로 잡아당기고 둥근 지붕 모양의 가로막은 수축하여 평평해진다. 이렇게 하면 가슴의 공간이 커져 공기가 폐로 들어가게 된다. 숨을 내쉴 때는 반대 현상이 일어난다.

가로막은 수축하거나 이완하여 폐의 크기를 크거나 작게 만든다.

윗몸

폐

양쪽 폐에서는 공기 중에 있는 산소가 피 속으로 들어가고, 버려진 이산화탄소가 피 밖으로 나간다. 폐는 원뿔처럼 생겨 심장을 둘러싸고 있다. 폐의 꼭대기인 폐첨은 빗장뼈 높이에 있고, 폐의 바닥은 아래쪽의 가로막과 닿아 있다. 폐 안에는 많은 핏줄이 있기 때문에 분홍빛을 띤다. 또 폐 안에는 어마어마하게 많은 기도가 그물처럼 갈라져서 수백만 개의 공기주머니로 들어간다. 폐는 탄력이 있어 숨 쉬는 동안 가슴우리와 가로막이 움직임에 따라 팽창하기도 수축하기도 한다.

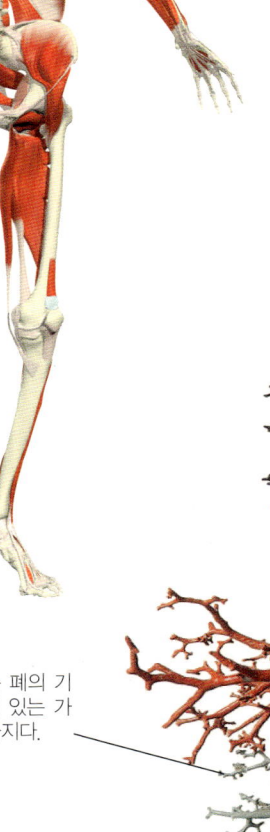

기관은 기관지나무의 줄기다.

일차기관지는 기관에서 가지를 내 폐로 들어간다.

이차기관지는 일차기관지의 가지다.

세기관지는 폐의 기도 맨 끝에 있는 가장 작은 가지다.

종말세기관지는 머리카락만큼이나 작다.

폐정맥의 가지는 산소가 풍부한 피를 심장으로 전달한다.

폐동맥의 가지는 산소가 부족한 피를 폐로 전달한다.

기관지나무

오른쪽 그림은 양쪽 폐에 있는 기도 그물을 플라스틱 모형으로 만든 것이다. 폐에는 기관에서 갈라져 나온 가지인 일차기관지가 퍼져 있다. 일차기관지는 더 가느다란 기관지로 갈라지고 계속 나뉘어 세기관지라고 부르는 작은 관이 된다. 이런 체계적인 구조를 종종 기관지나무라고 부른다. 책을 거꾸로 들고 기관지나무의 줄기, 가지, 잔가지를 살펴보자.

▶ 공기주머니

기관지나무의 가장 작은 가지인 3만 개의 종말세기관지는 공기가 들어 있는 포도송이 모양의 주머니인 허파꽈리로 들어간다. 공기 속의 산소는 허파꽈리의 얇은 벽을 통과하여 이를 둘러싼 모세혈관으로 들어간다. 이산화탄소는 반대 방향으로 이동한다. 우리의 양쪽 폐에는 3억 개의 허파꽈리가 들어차 있다.

허파꽈리 주변을 모세혈관이 그물처럼 둘러싸고 있다.

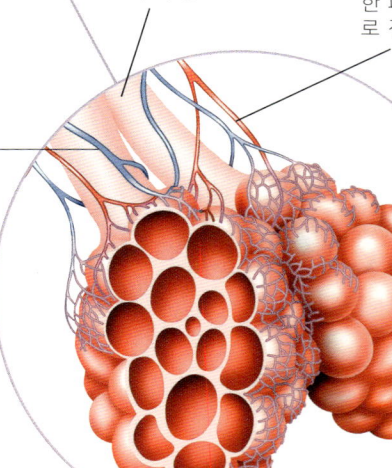

알고 있나요?

▶ 오페라 가수가 뛰어난 가창력을 갖기 위해서는 몇 년 동안 훈련을 해야 한다. 후두를 지나는 공기의 양을 고도로 조절할 수 있도록 가슴의 근육과 가로막을 훈련시킨다. 그렇게 해야 소리의 변화 없이 음을 유지할 수 있다. 또한 오페라 가수는 성대를 조절하여 정확한 양과 질을 가진 음을 낼 수 있는 능력을 갖추어야 한다.

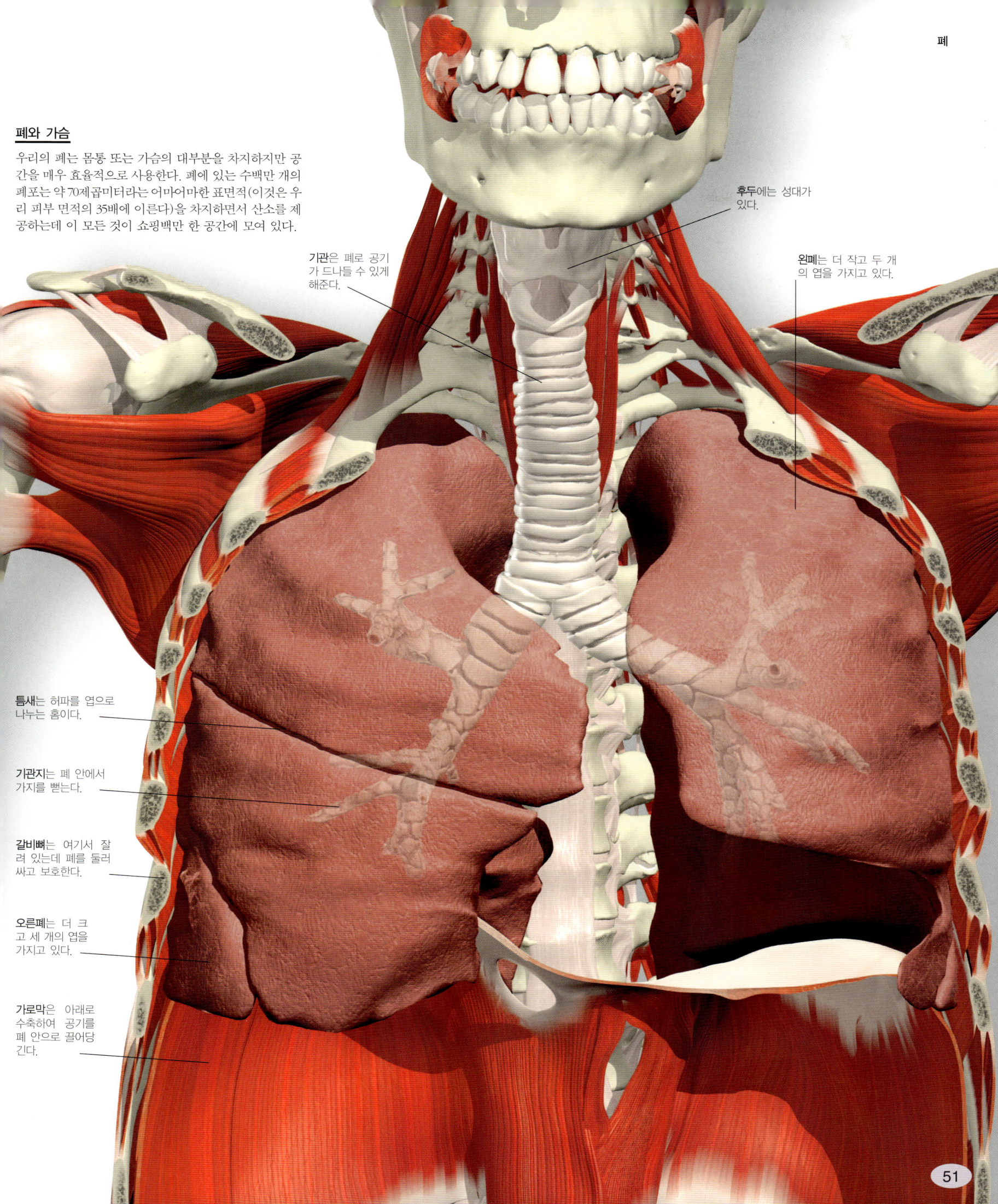

폐와 가슴

우리의 폐는 몸통 또는 가슴의 대부분을 차지하지만 공간을 매우 효율적으로 사용한다. 폐에 있는 수백만 개의 폐포는 약 70제곱미터라는 어마어마한 표면적(이것은 우리 피부 면적의 35배에 이른다)을 차지하면서 산소를 제공하는데 이 모든 것이 쇼핑백만 한 공간에 모여 있다.

후두에는 성대가 있다.

기관은 폐로 공기가 드나들 수 있게 해준다.

왼폐는 더 작고 두 개의 엽을 가지고 있다.

틈새는 허파를 엽으로 나누는 홈이다.

기관지는 폐 안에서 가지를 뻗는다.

갈비뼈는 여기서 잘려 있는데 폐를 둘러싸고 보호한다.

오른폐는 더 크고 세 개의 엽을 가지고 있다.

가로막은 아래로 수축하여 공기를 폐 안으로 끌어당긴다.

어깨

어깨의 뼈대를 이루는 어깨뼈와 빗장뼈로 이루어진다. 두 뼈는 함께 팔이음뼈를 이루어 팔을 몸에 붙여준다. 어깨뼈와 위팔뼈 사이에 있는 어깨관절은 매우 움직임이 자유로워서 팔이 모든 방향으로 움직이도록 한다. 움직임이 자유로운 아래, 깊고 유연한 팔, 움켜잡을 수 있는 손이 모두 협동해서 우리는 선반에서 책을 꺼내고, 배영을 하고, 테니스를 치며 그 밖의 많은 동작을 할 수 있다.

어깨의 내부

이 그림은 앞은 층의 근육을 벗겨 세거하여 어깨 아래의 구조를 나타낸 것이다. 넓은등, 부리위팔근, 위팔두갈래근과 같은 어깨를 지나가는 근육은 팔을 움직이고 어깨관절을 안정시켜 관절의 한쪽 이 빠지는 일(탈구)이 일어나지 않도록 한다. 팔과 손에 분포하는 빗줄은 위팔뼈머리 아래에서 겨드랑을 지나가거를 갖다. 팔과 손의 근육을 지배하며 피부 감각기에 분포하는 신경도 비슷한 경로를 찾는다.

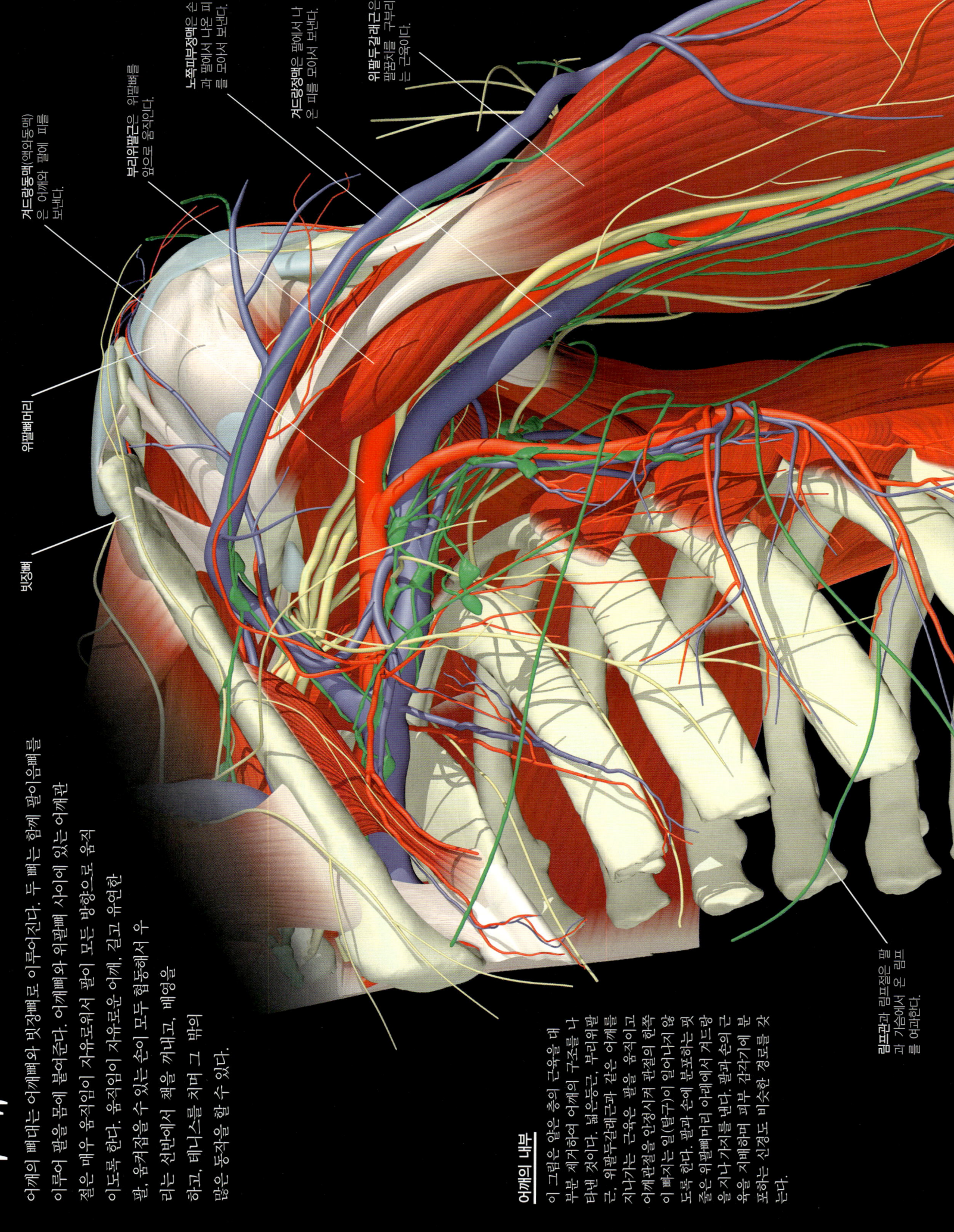

위팔두갈래근은 팔꿈치를 구부리는 근육이다.

겨드랑정맥은 팔에서 나오는 피를 모아서 보낸다.

노쪽피부정맥은 손과 팔에서 나온 피를 모아서 보낸다.

부리위팔근은 위팔뼈를 앞으로 움직인다.

겨드랑동맥(액와동맥) 은 어깨와 팔에 피를 보낸다.

위팔뼈머리

빗장뼈

림프관과 림프절은 팔과 가슴에서 온 림프를 여과한다.

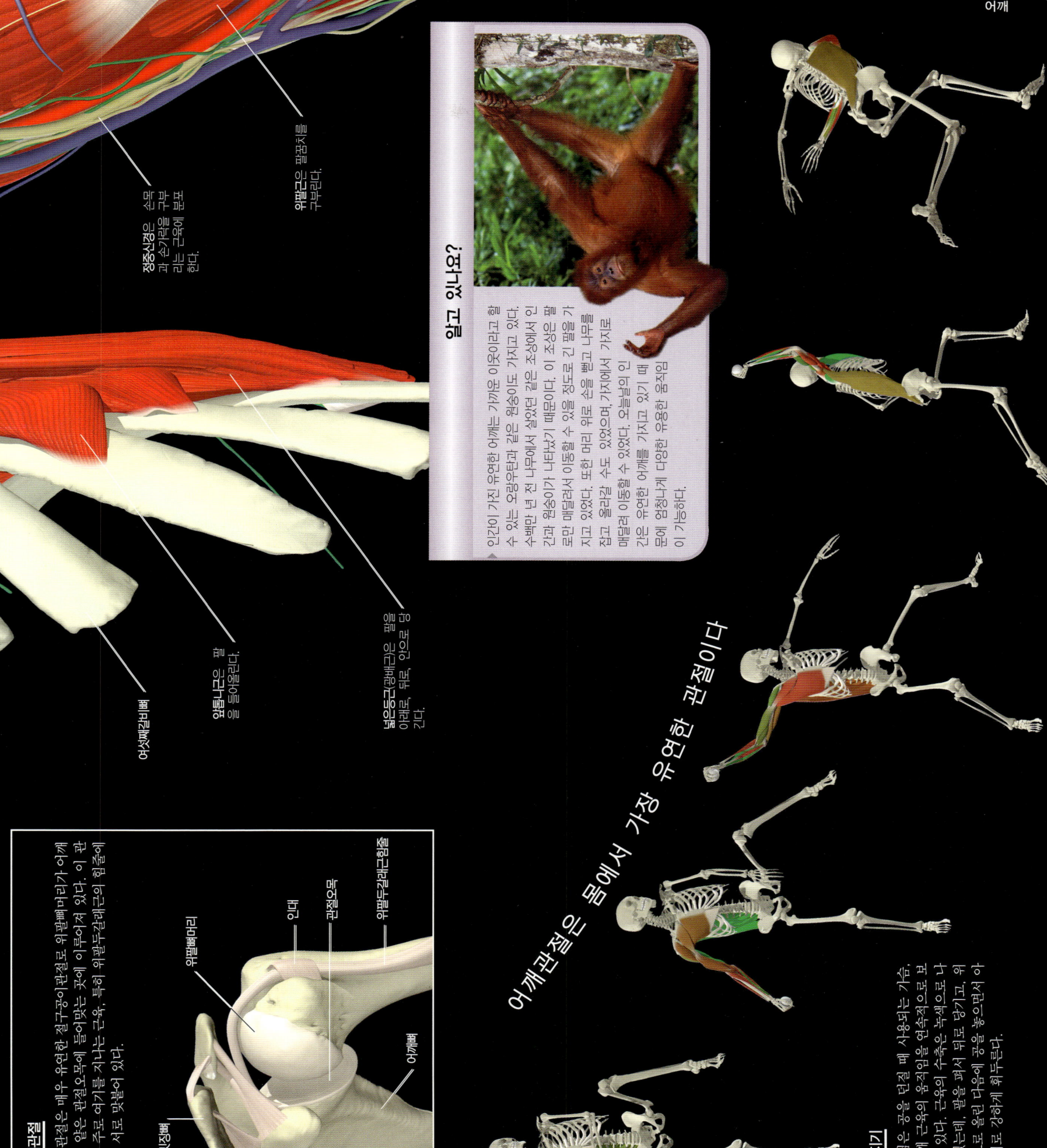

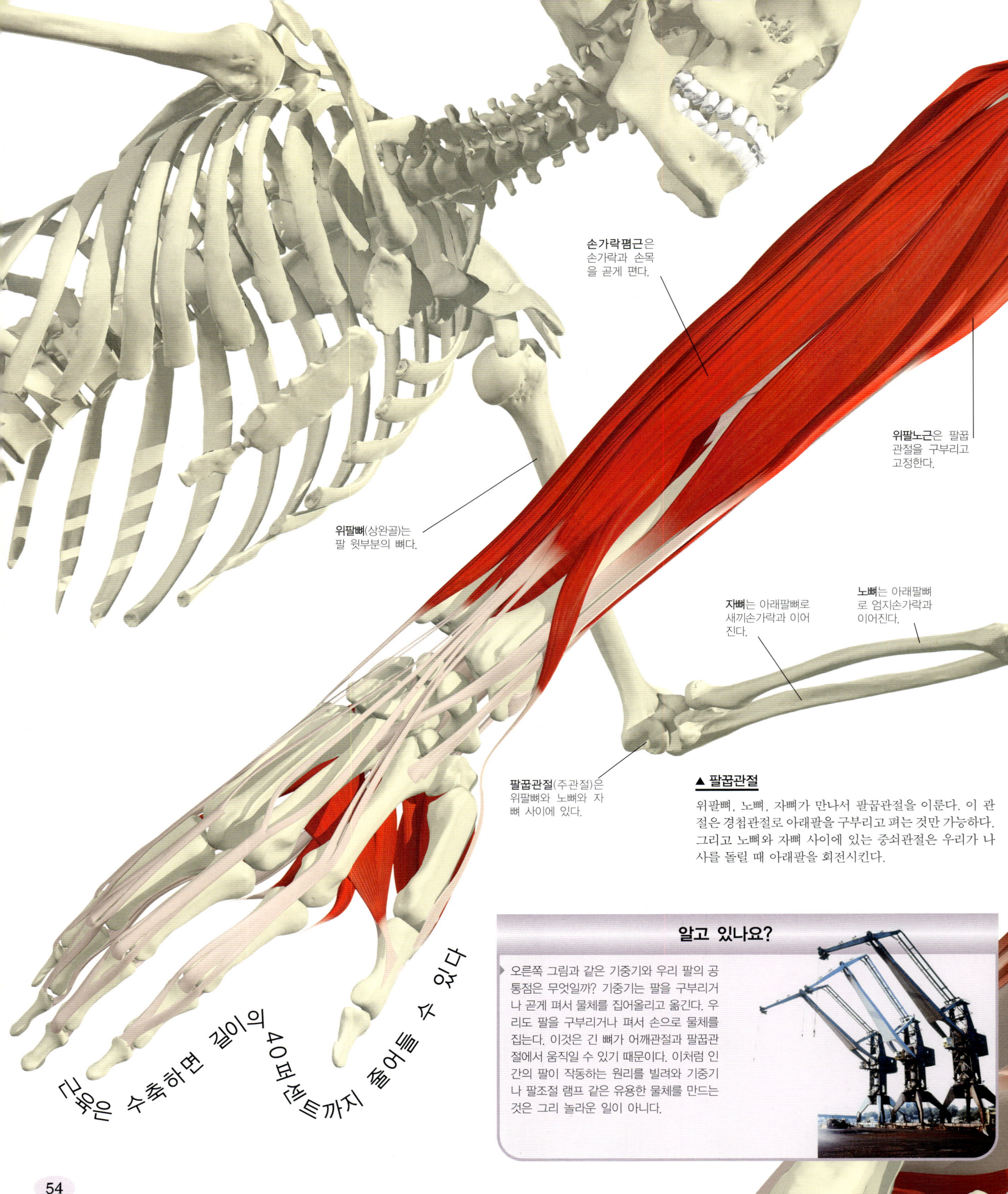

손가락폄근은 손가락과 손목을 곧게 편다.

위팔노근은 팔꿈 관절을 구부리고 고정한다.

위팔뼈(상완골)는 팔 윗부분의 뼈다.

자뼈는 아래팔뼈로 새끼손가락과 이어진다.

노뼈는 아래팔뼈로 엄지손가락과 이어진다.

팔꿈관절(주관절)은 위팔뼈와 노뼈와 자뼈 사이에 있다.

▲ **팔꿈관절**

위팔뼈, 노뼈, 자뼈가 만나서 팔꿈관절을 이룬다. 이 관절은 경첩관절로 아래팔을 구부리고 펴는 것만 가능하다. 그리고 노뼈와 자뼈 사이에 있는 중쇠관절은 우리가 나사를 돌릴 때 아래팔을 회전시킨다.

근육은 수축하면 길이의 40퍼센트까지 줄어들 수 있다

알고 있나요?

오른쪽 그림과 같은 기중기와 우리 팔의 공통점은 무엇일까? 기중기는 팔을 구부리거나 곧게 펴서 물체를 집어올리고 옮긴다. 우리도 팔을 구부리거나 펴서 손으로 물체를 집는다. 이것은 긴 뼈가 어깨관절과 팔꿈관절에서 움직일 수 있기 때문이다. 이처럼 인간의 팔이 작동하는 원리를 빌려와 기중기나 팔조절 램프 같은 유용한 물체를 만드는 것은 그리 놀라운 일이 아니다.

팔과 팔꿈치

우리의 팔은 손이 물건을 아주 섬세하게 다룰 수 있도록 유연하게 뻗는다. 이렇게 팔이 유연하게 움직이는 것은 매우 잘 움직이는 위팔과 어깨 사이의 관절과 경첩관절 역할을 하는 팔꿈관절 때문이다. 어깨를 지나가는 근육은 위팔뼈에 붙어 팔을 앞뒤로 또는 옆으로 잡아당긴다. 팔꿈관절을 지나는 근육은 아래팔을 구부리거나 편다.

위팔세갈래근은 팔꿈관절에서 팔을 편다.

위팔두갈래근은 팔꿈관절을 구부리고 아래팔을 바깥쪽으로 회전시킨다.

윤활관절

경첩관절을 포함해 우리 몸에 있는 관절의 대부분은 윤활관절이다. 뼈끝을 덮고 있는 미끄러운 연골과 기름 같은 윤활액이 조합하여 관절을 매끄럽게 해준다.

뼈는 관절에서 다른 뼈와 만난다.

관절주머니는 관절을 하나로 잡아준다.

윤활액은 관절을 매끄럽게 한다.

연골이 뼈끝을 덮고 있다.

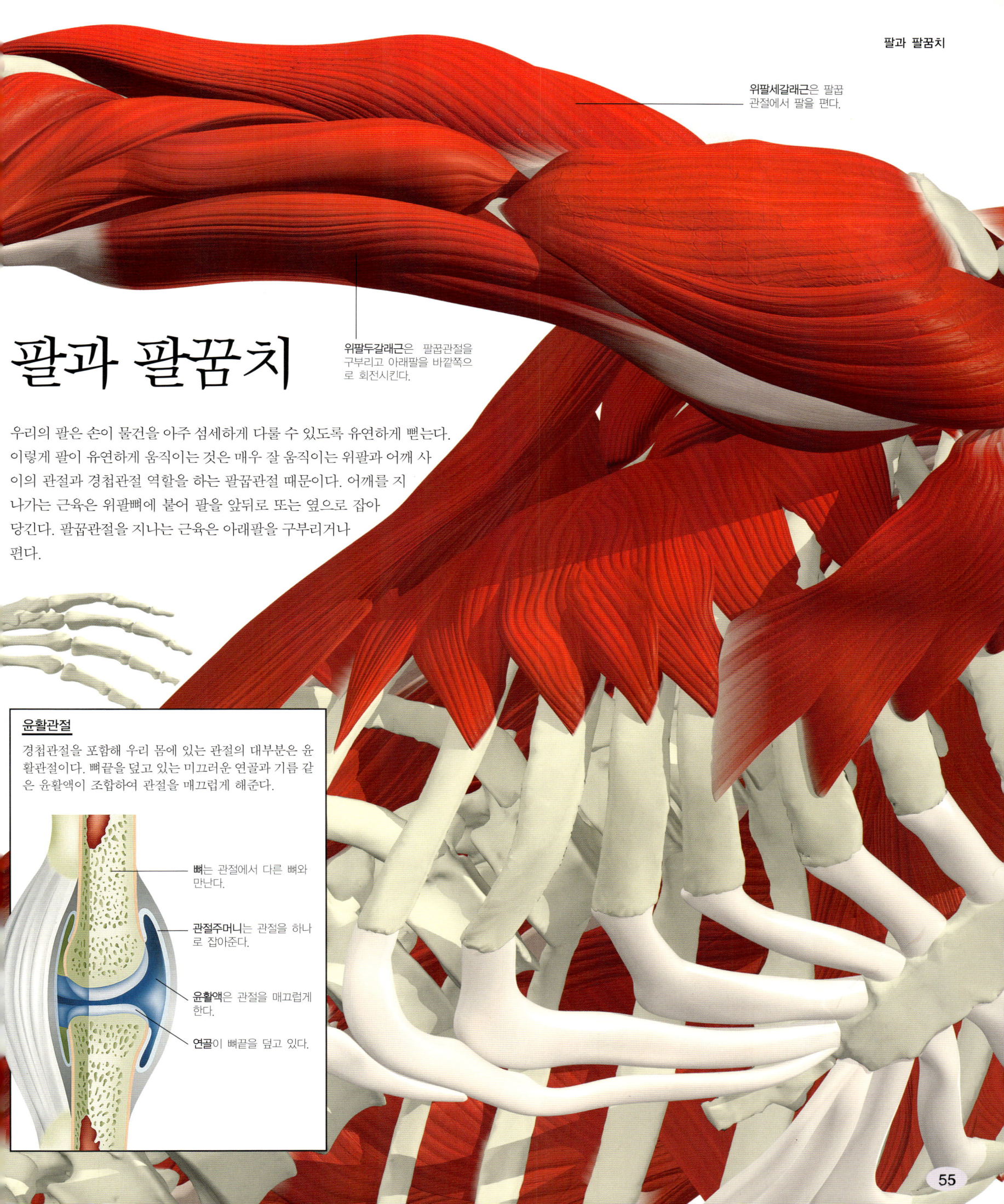

윗몸
손과 손목

인간은 두 다리로 걷기 때문에 손과 손목이 자유로워서 먹기, 물건 옮기기, 글쓰기, 표현하기 등 생활하는 데 매우 중요한 일을 할 수 있다. 손과 손목의 놀라운 능력은, 긴 손가락뼈와 아주 자유롭게 움직이는 엄지손가락 같은 유연한 뼈대와 함께 아래팔과 손에 있는 근육과 힘줄이 뼈를 움직여주기 때문에 가능하다.

짧은엄지굽힘근은 손바닥을 가로질러 엄지손가락을 구부린다.

얕은손바닥정맥활은 손가락 정맥에 있는 피를 모아서 보낸다.

얕은손바닥동맥활은 손가락에 분포하는 핏줄가지를 낸다.

손가락굽힘근온힘줄집은 힘줄을 감싸서 움직일 때 마찰을 줄인다.

짧은엄지벌림근은 엄지손가락을 바깥쪽으로 당긴다.

굽힘근지지띠는 굽힘근 힘줄이 아래팔에서 손으로 건너갈 때 제 위치에 있도록 고정한다.

노동맥은 손목, 엄지손가락, 집게손가락에 피를 공급한다.

노정맥은 손가락과 손바닥에 있는 피를 모아서 보낸다.

온바닥쪽손가락동맥은 손가락에 피를 공급한다.

손가락굽힘근힘줄은 손가락뼈를 당겨 손가락을 구부린다.

첫째벌레근은 집게손가락이 가리키는 것을 돕는다.

온바닥쪽손가락정맥은 손가락에 있는 피를 모아서 보낸다.

짧은새끼굽힘근은 새끼손가락을 구부린다.

고유바닥쪽손가락신경은 손가락을 구부리는 근육을 지배한다.

새끼벌림근은 새끼손가락을 바깥쪽으로 당긴다.

짧은손바닥근은 손바닥에 주름을 잡아 물건을 쥐는 것을 돕는다.

자동맥은 손가락과 손바닥에 피를 공급한다.

자신경은 손목과 손가락을 구부리는 몇 가지 근육을 지배한다.

자정맥은 손가락과 손바닥의 피를 모아서 보낸다.

손바닥의 구조

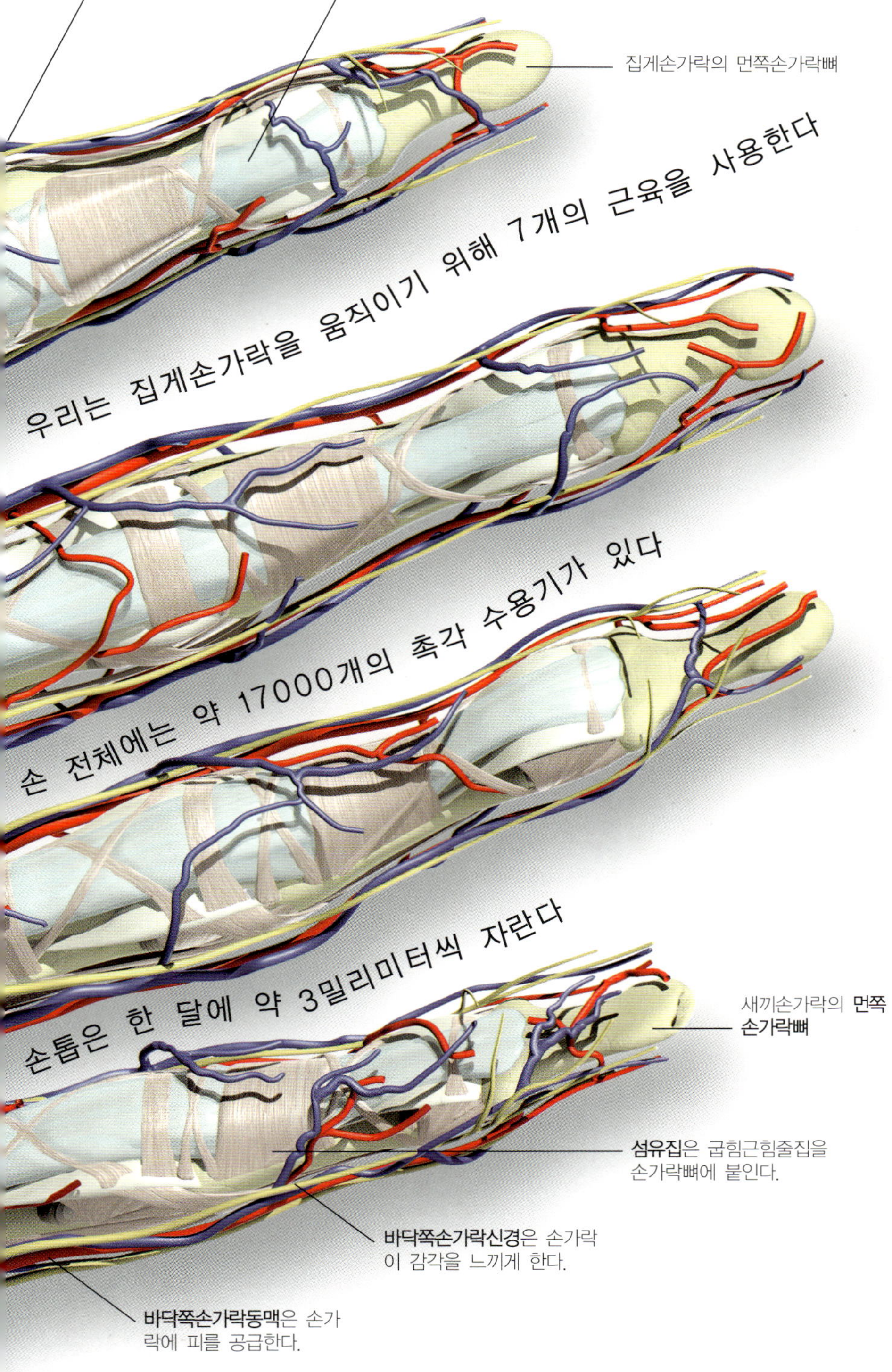

바닥쪽손가락정맥은 손가락에 있는 피를 모아서 보낸다.

굽힘근힘줄집은 힘줄을 감싸고 매끄럽게 한다.

집게손가락의 먼쪽손가락뼈

우리는 집게손가락을 움직이기 위해 7개의 근육을 사용한다

손 전체에는 약 17000개의 촉각 수용기가 있다

손톱은 한 달에 약 3밀리미터씩 자란다

새끼손가락의 먼쪽 손가락뼈

섬유집은 굽힘근힘줄집을 손가락뼈에 붙인다.

바닥쪽손가락신경은 손가락이 감각을 느끼게 한다.

바닥쪽손가락동맥은 손가락에 피를 공급한다.

알고 있나요?

영장류만이 엄지손가락을 손바닥을 가로질러 움직여 다른 손가락들과 맞닿게 할 수 있다. 특히 원숭이는 다른 손가락들과 맞닿을 수 있는 아주 잘 움직이는 엄지손가락을 가지고 있다. 원숭이의 손은 인간의 손만큼 유연하며 연필을 잡는 것, 책장을 넘기는 것과 같은 수백 가지 일을 할 수 있다.

손과 손목

중간손가락뼈

손허리뼈

먼쪽손가락뼈

몸쪽손가락뼈

손목뼈

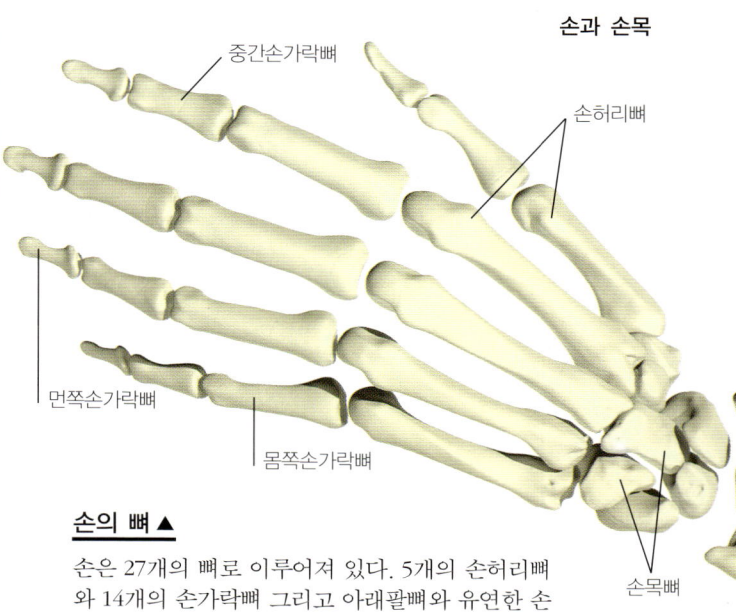

손의 뼈 ▲

손은 27개의 뼈로 이루어져 있다. 5개의 손허리뼈와 14개의 손가락뼈 그리고 아래팔뼈와 유연한 손목관절을 이루는 8개의 손목뼈가 있다.

손가락정맥 | 림프관 | 손허리동맥

노쪽피부정맥

손가락신경

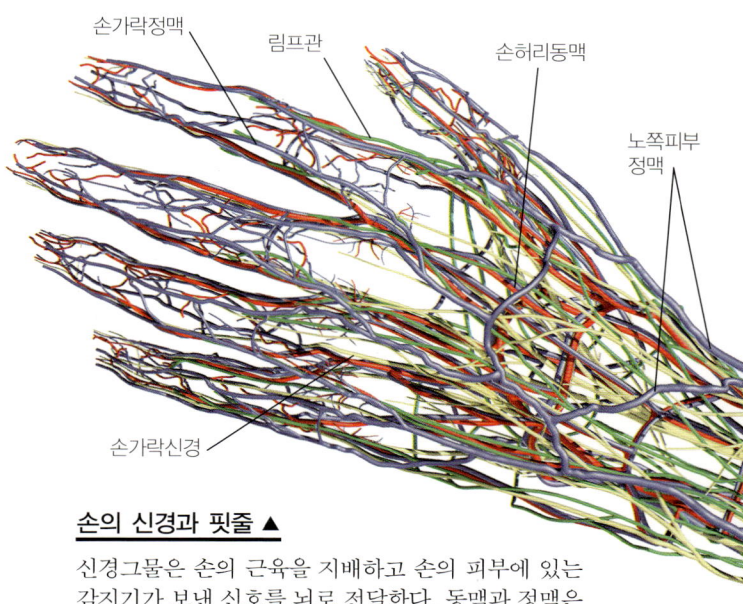

손의 신경과 핏줄 ▲

신경그물은 손의 근육을 지배하고 손의 피부에 있는 감지기가 보낸 신호를 뇌로 전달한다. 동맥과 정맥은 근육, 힘줄, 피부 그리고 손의 다른 부분으로 피를 보내기도 하고 받기도 한다.

뼈에 붙어 있는 힘줄

힘줄들 사이의 연결

등쪽뼈사이근

폄근힘줄

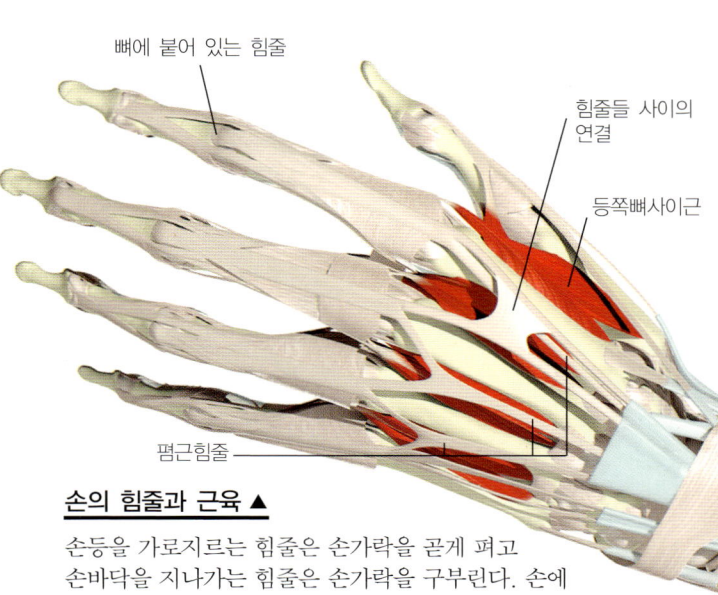

손의 힘줄과 근육 ▲

손등을 가로지르는 힘줄은 손가락을 곧게 펴고 손바닥을 지나가는 힘줄은 손가락을 구부린다. 손에 있는 작은 근육은 다양하게 손가락이 움직이도록 한다.

윗몸
척주와 등

등은 몸의 중심이 되는 몸통의 뒷부분으로 목에서 엉덩이까지 뻗어 있다. 등의 중심축은 척주인데 작지만 튼튼한 뼈들이 사슬처럼 연결되어 있다. 척주는 다른 뼈와 근육과 함께 몸통을 강하게 지지하면서 등을 구부리거나 펴거나 돌린다. 척주는 몸이 아주 다양한 방식으로 구부러지고 회전할 수 있도록 해 준다.

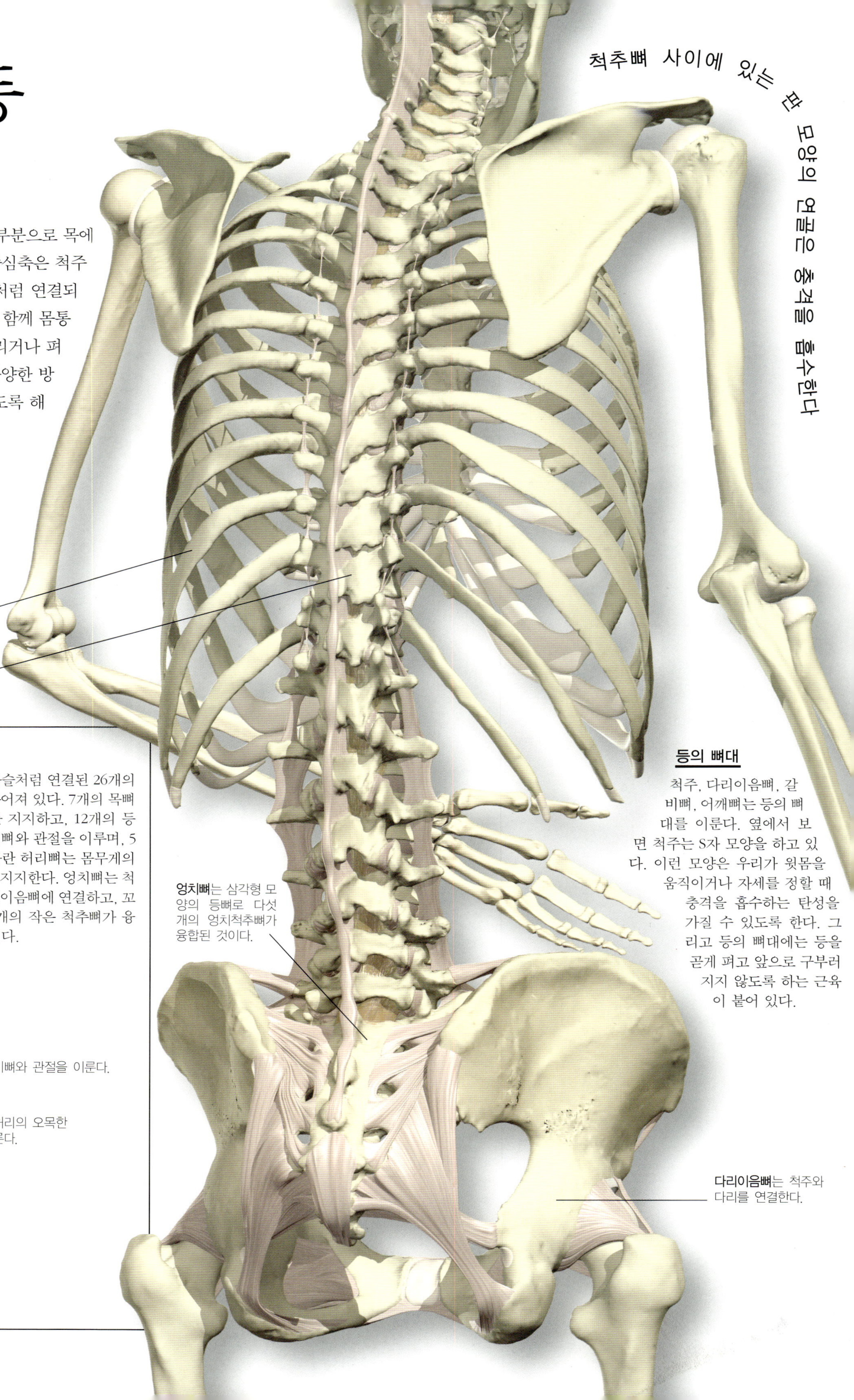

척추뼈 사이에 있는 판 모양의 연골은 충격을 흡수한다

갈비뼈는 구부러진 뼈로 한쪽 끝이 척추에 붙어 있다.

척주는 뼈들이 사슬처럼 연결되어 있으며 등 가운데에서 아래로 이어진다.

척주
척주는 사슬처럼 연결된 26개의 뼈로 이루어져 있다. 7개의 목뼈는 머리를 지지하고, 12개의 등뼈는 갈비뼈와 관절을 이루며, 5개의 커다란 허리뼈는 몸무게의 대부분을 지지한다. 엉치뼈는 척주를 다리이음뼈에 연결하고, 꼬리뼈는 4개의 작은 척추뼈가 융합된 것이다.

고리뼈는 머리를 끄덕이게 한다.

중쇠뼈는 머리를 돌리게 한다.

목뼈는 목을 이룬다.

등뼈는 갈비뼈와 관절을 이룬다.

허리뼈는 허리의 오목한 부분을 이룬다.

- 🟢 목뼈(경추)
- 🟡 등뼈(흉추)
- 🔴 허리뼈(요추)
- 🔵 엉치뼈(천추)
- ⚪ 꼬리뼈(미추)

엉치뼈는 삼각형 모양의 등뼈로 다섯 개의 엉치척추뼈가 융합된 것이다.

등의 뼈대
척주, 다리이음뼈, 갈비뼈, 어깨뼈는 등의 뼈대를 이룬다. 옆에서 보면 척주는 S자 모양을 하고 있다. 이런 모양은 우리가 윗몸을 움직이거나 자세를 정할 때 충격을 흡수하는 탄성을 가질 수 있도록 한다. 그리고 등의 뼈대에는 등을 곧게 펴고 앞으로 구부러지지 않도록 하는 근육이 붙어 있다.

다리이음뼈는 척주와 다리를 연결한다.

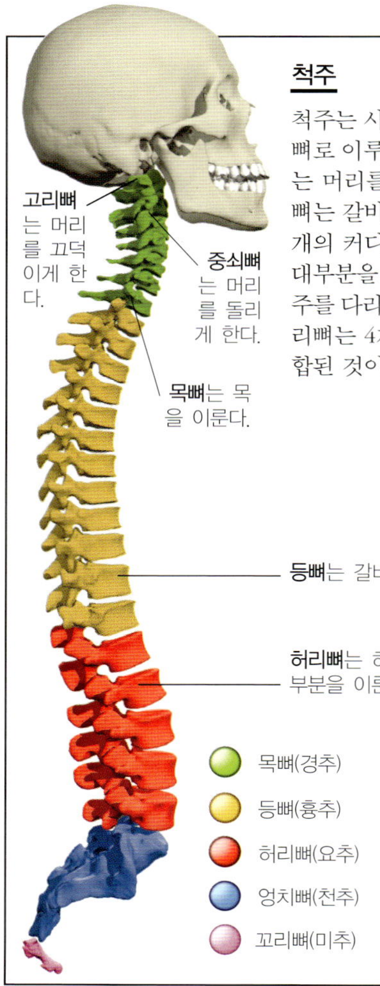

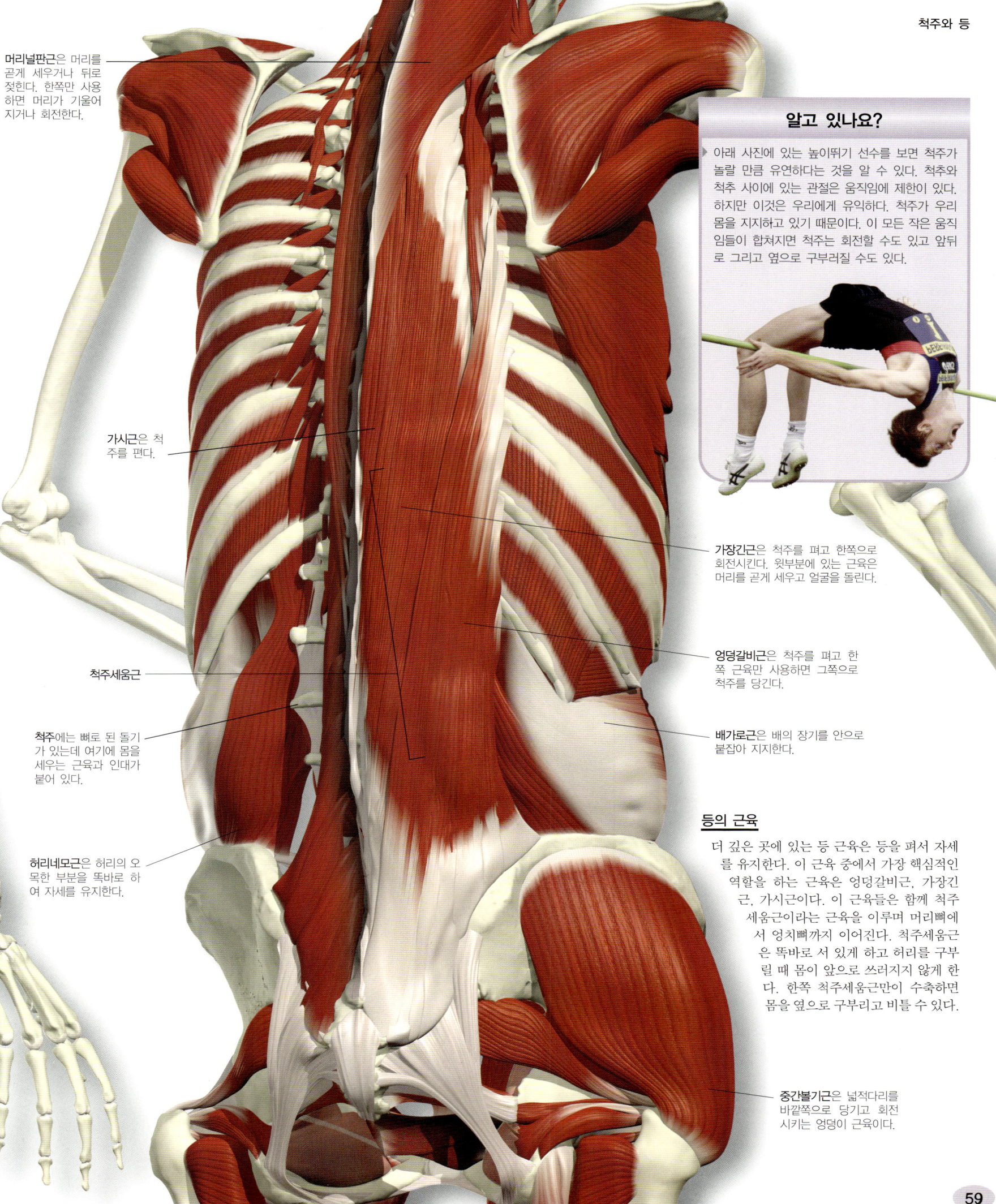

윗몸

몸통 근육

몸통은 몸의 한가운데 부분으로 위쪽으로 있는 가슴과 아래쪽에 있는 배로 나뉜다. 가슴은 배로 된 가슴우리가 지지하고 있는데 가슴우리의 배들은 서로 연결돼어 있고 근육으로 덮여 있다. 배의 앞은 앞쪽과 옆쪽이 평평한 배 근육으로 이루어져 있으며, 이 근육은 서로 다른 방향으로 지나가면서 강하게 배를 지지한다.

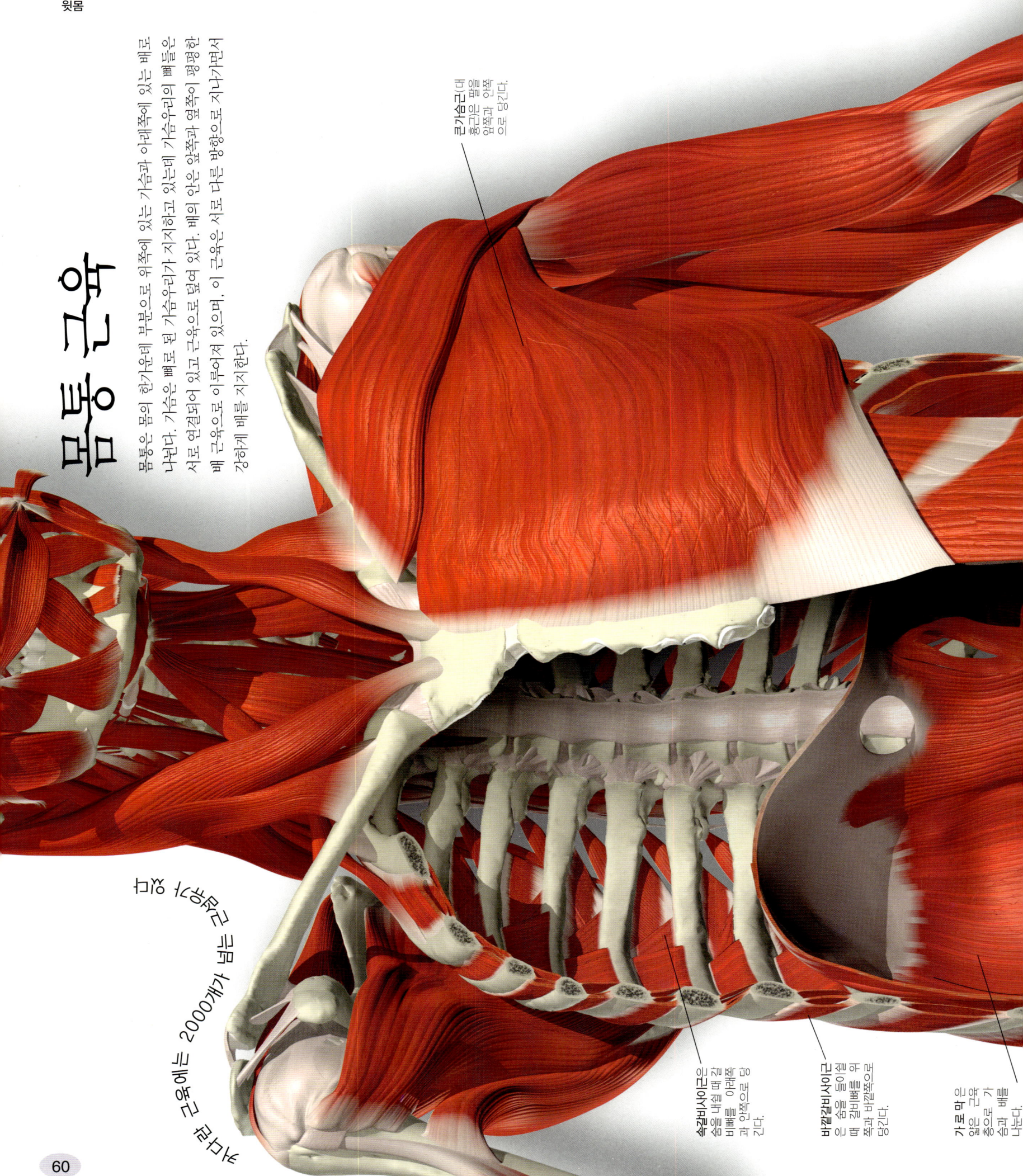

큰가슴근(대흉근)은 팔을 앞쪽과 안쪽으로 당긴다.

속갈비사이근은 숨을 내쉴 때 갈비뼈를 아래쪽과 안쪽으로 당긴다.

바깥갈비사이근은 숨을 들이쉴 때 갈비뼈를 위쪽과 바깥쪽으로 당긴다.

가로막은 얇은 근육으로 가슴으로 공기가 들어오고 나가는 숨과 관련 있다.

근육에는 2000개가 넘는 근육이 있다.

60

몸통 근육

몸통 근육은 어떻게 일하나?

몸통의 앞에 있는 주요 근육으로는 팔을 앞쪽과 안쪽으로 당기는 큰가슴근, 몸통을 구부리고 배의 장기를 지지하는 배곧은근이 있다. 몸통의 뒤에 있는 근육으로는 팔을 뒤로 당기고 등을 곧게 세워서 자세를 유지하도록 하는 근육이 있다. 더 깊은 곳에 있는 몸통 근육은 갈비사이근육으로, 숨을 쉴 때 사용한다.

알고 있나요?

1543년 이탈리아 파도바 시에 살았던 벨기에 인 의사 안드레아스 베살리우스(1514~1564) 가 '인체의 구조에 대하여'를 출판하면서 인체 해부학에 대한 최초의 정확한 연구가 발표되었다. 이 책은 해부가 이루어진 몸에 대한 놀라운 그림으로 가득 차 있었다. 베살리우스는 당연히 시체에 해부를 위해 유명해졌고 젊은 시절에 시체를 훔치곤 했지만 교수형을 당한 좌수의 몸을 훔치는 것보다는 파도바 시가 그에게 해부할 시체를 제공해주었다.

배곧은근(복직근)은 몸통을 돌리고 앞으로 구부린다.

배가로근은 배 벽 할 때 배 속에 있는 기관을 누른다.

널힘줄(건막)은 배의 벽에 있는 평평한 힘줄인데, 배의 양쪽에서 서로 가로질러 있는 근육이다.

허리네모근의 한쪽만 사용하면 척추를 옆으로 당기고 양쪽을 사용하면 등을 펴는데 쓴다.

가로돌기사이근육은 척추뼈 사이에 있으며 움직일 때 척추를 고정하는 것을 돕는다.

척주는 몸통의 축을 이룬다.

배

우리 몸의 중심인 몸통의 아랫부분을 배라고 한다. 배는 가로막 아래쪽부터 골반의 가장자리까지다. 배 안쪽 공간은 배안 또는 복강이라고 부르는데 소화를 이루는 대부분의 장기가 들어 있다. 배 속의 장기는 배의 벽에 있는 근육이 보호하고 있는데, 미끄러운 막으로 덮여 있어 서로 매끄럽게 움직인다.

작은창자는 길이가 6.5미터나 된다.

가로막은 배의 움푹 들어간 곳으로 복강의 경계를 표시한다.

간은 피의 화학적 성분을 조절한다.

아래쪽 갈비뼈는 간을 비롯한 위 아래 복부의 장기를 보호한다.

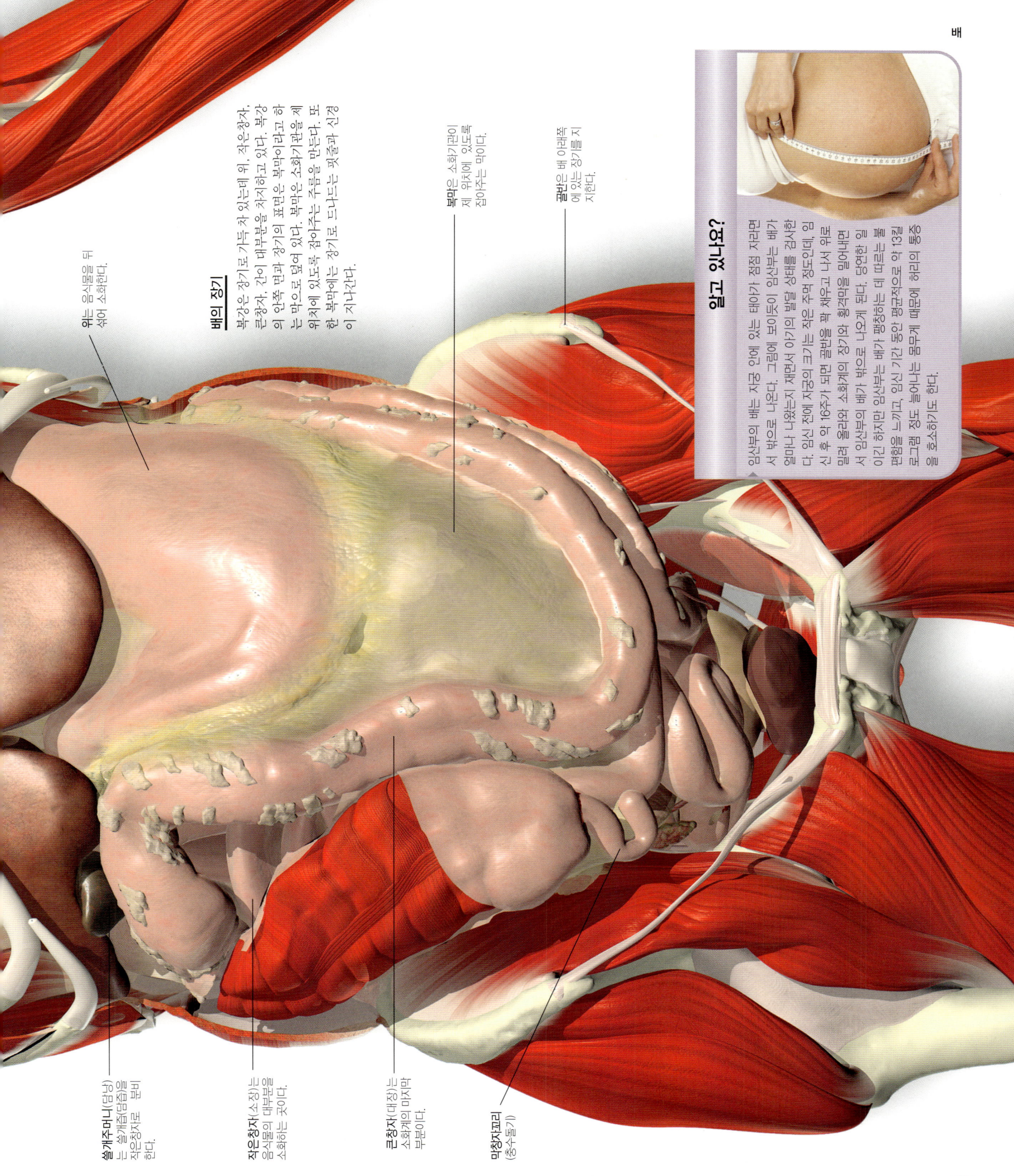

배의 장기

복강은 장기로 가득 차 있는데 위, 작은창자, 큰창자, 간이 대부분을 차지하고 있다. 복강의 안쪽 면과 장기의 표면은 복막이라고 하는 얇으 막이 덮여 있다. 복막은 소화기관을 제 위치에 있도록 잡아주는 주름을 만든다. 또한 복막에는 장기로 드나드는 핏줄과 신경이 지나간다.

위는 음식물을 뒤섞어 소화한다.

쓸개주머니(담낭)는 쓸개즙(담즙)을 작은창자로 분비한다.

작은창자(소장)는 음식물의 대부분을 소화하는 곳이다.

큰창자(대장)는 소화계의 마지막 부분이다.

막창자꼬리(충수돌기)

복막은 소화기관이 제 위치에 있도록 잡아주는 막이다.

골반은 배 아래쪽에 있는 장기를 지탱한다.

임신과 고통?

임산부의 배는 자궁 안에 있는 태아가 점점 자라면서 밖으로 나온다. 그림에 보이듯이 임산부의 배가 얼마나 나왔는지 재면서 임신의 진행 상태를 검사한다. 임신 전에 자궁의 크기는 작은 주먹 정도인데, 임신 후 약 16주가 되면 골반을 꽉 채우고 나서 위로 밀려 올라와 소화계의 장기와 횡격막을 밀어낸다. 당연한 일이지만 임산부는 배가 부으로 팽창하는 데 따르는 불편함을 느끼고, 임신 기간 동안 평균적으로 약 13kg 정도 늘어나는 몸무게 때문에 허리에 통증을 호소하기도 한다.

윗몸
소화계

음식물을 먹으면 몸속 세포에 에너지와 몸의 성장과 치유에 필요한 물질이 공급된다. 하지만 세포가 음식물 속의 영양분을 사용하기 전에 영양분을 단순한 영양소로 소화하거나 작게 분해해야 하는데 이런 일을 소화계가 한다. 소화계는 음식물을 작은 알갱이로 부수고 뒤섞은 다음 효소라는 화학물질에 노출시켜 복잡한 영양분을 더 단순한 형태로 바꾸어준다. 이것은 피로 흡수되어 세포까지 운반되고, 소화되지 않은 찌꺼기는 버린다.

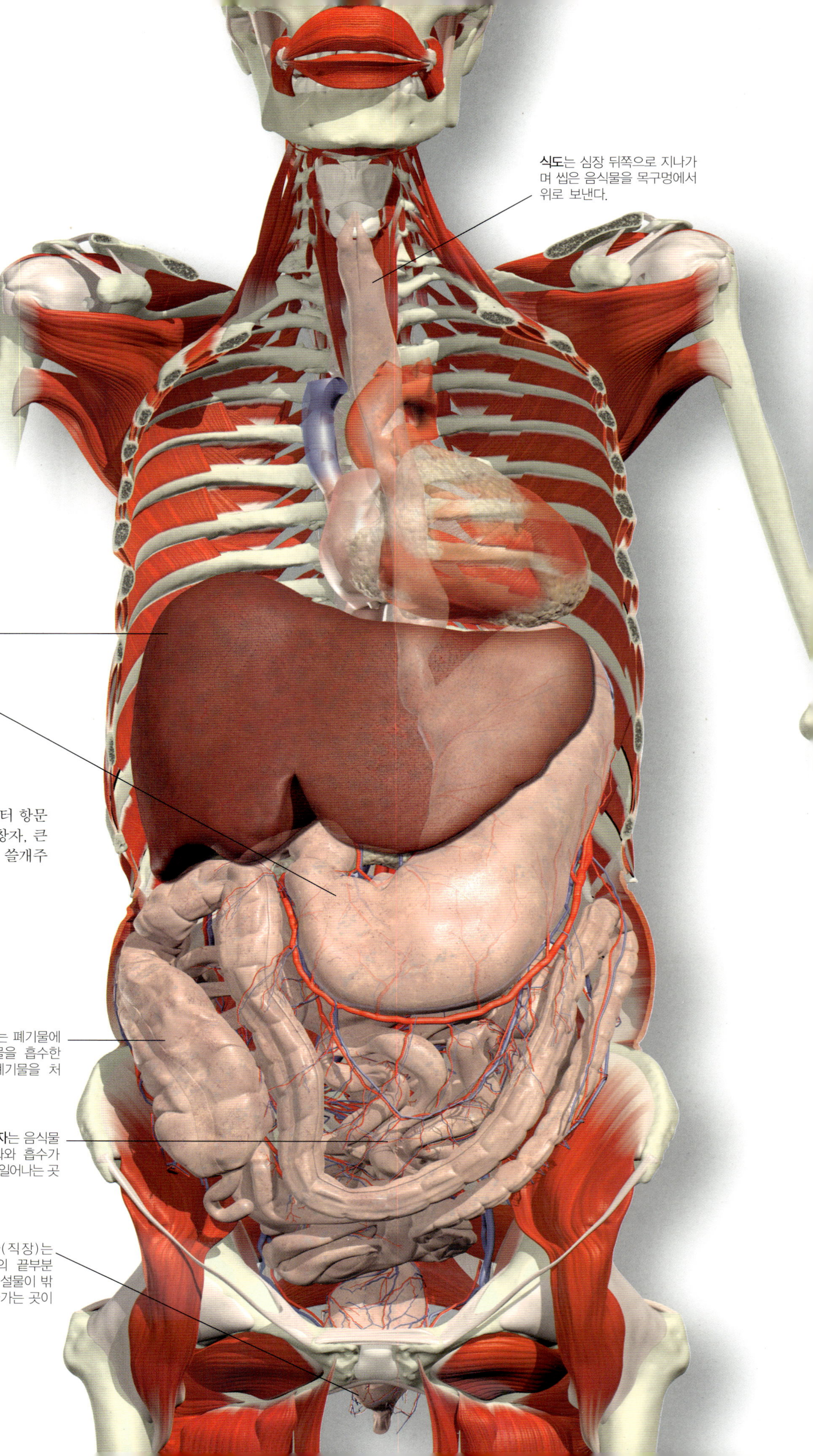

소화기관

소화계의 주요 부분은 소화관이라고 하는 입으로부터 항문에 이르는 긴 관이다. 여기에는 입, 식도, 위, 작은창자, 큰창자가 있다. 소화관에 연결된 혀, 침샘, 간, 이자, 쓸개주머니는 소화작용을 돕는다.

알고 있나요?

위의 안쪽을 덮고 있는 세포는 위액이라고 하는 매우 강한 산성 소화액을 분비한다. 위액에는 페인트를 녹일 정도로 매우 강한 염산도 들어 있다. 위액이 산성인 것은 단백질을 분해하는 효소인 펩신의 활동에 가장 적합한 환경이기 때문이다.

식도는 심장 뒤쪽으로 지나가며 씹은 음식물을 목구멍에서 위로 보낸다.

간은 흡수된 영양분을 처리하고 쓸개즙을 만든다.

위는 음식물을 뒤섞고 소화시켜 크림 같은 액체로 만든다.

큰창자는 폐기물에 있는 물을 흡수한 뒤에 폐기물을 처분한다.

작은창자는 음식물의 소화와 흡수가 대부분 일어나는 곳이다.

곧창자(직장)는 큰창자의 끝부분으로 배설물이 밖으로 나가는 곳이다.

소화계

음식물의 소화

다 씹은 음식물 조각은 식도를 지나 위에 도착한다. 위는 음식물을 뒤섞어 액체로 만들고 소장에 있는 여러 효소는 완전히 소화해 흡수할 수 있는 단순한 영양소로 만든다. 남은 찌꺼기는 대장에서 물기가 제거되고 배설물로 만들어진다. 이 모든 과정은 약 1~2일이 걸린다.

혀

침샘은 음식물을 씹는 동안 효소를 가진 침을 입안으로 보낸다.

식도

쓸개주머니와 이자

쓸개주머니와 이자는 소화에 아주 중요한 역할을 한다. 쓸개주머니와 이자에서 나온 관은 합쳐져 작은창자의 맨 윗부분인 샘창자로 이어진다. 음식물이 위에서 샘창자로 나오면 쓸개주머니는 간에서 만들어진 쓸개즙을 짜서 샘창자로 내보낸다. 쓸개즙은 지방을 소화하기 쉬운 작은 알갱이로 만든다. 그리고 이자는 여러 가지 중요한 효소가 들어 있는 이자액을 분비한다.

간

위

이자(췌장)는 음식물이 작은창자에 도착하면 효소를 분비한다.

쓸개주머니

온쓸개관(총담관)

이자

샘창자 (십이지장)

작은창자

큰창자

막창자꼬리는 소화에 아무 역할도 하지 않는다. 다른 동물의 경우 막창자꼬리가 소화 기능을 하기도 한다.

곧창자

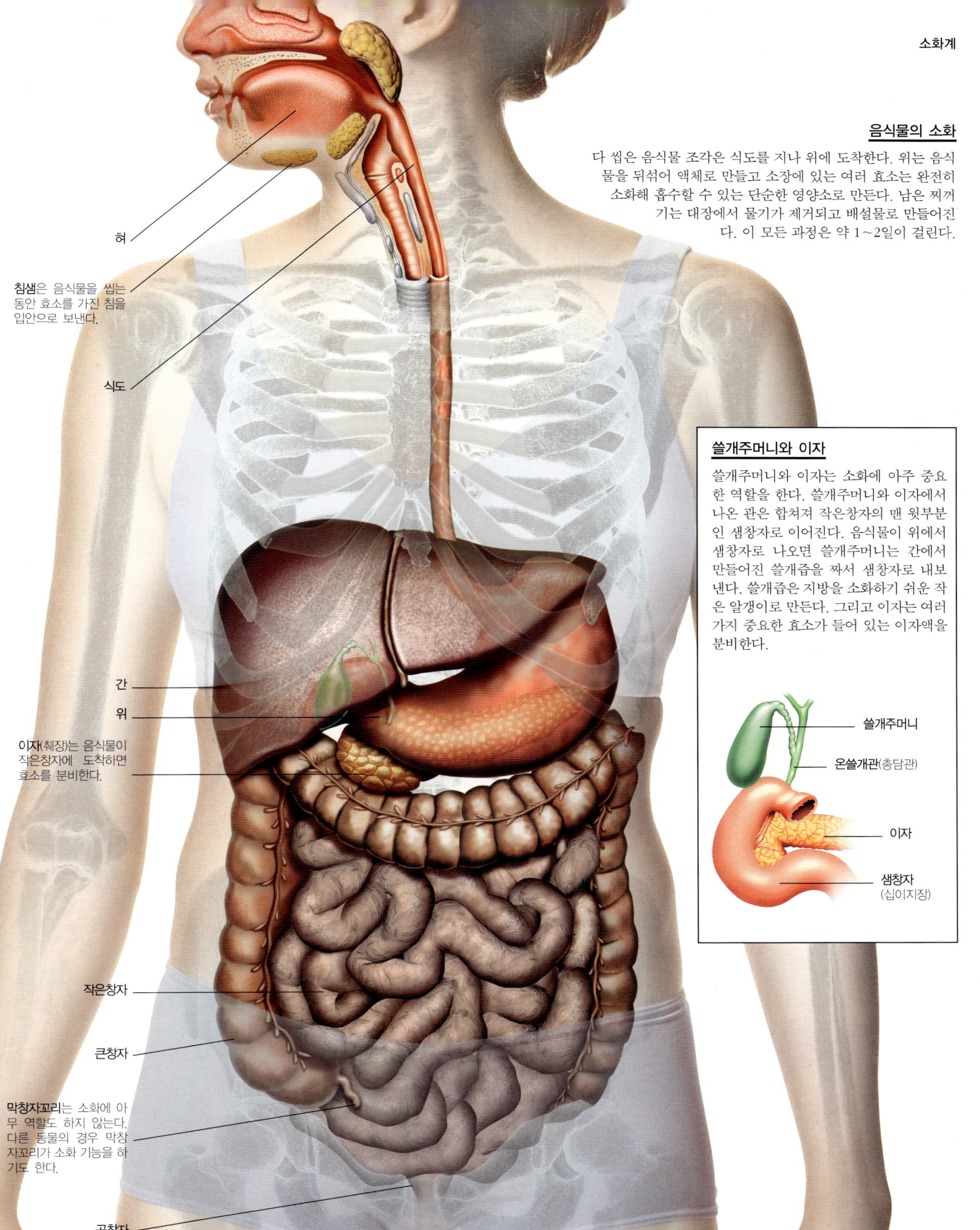

윗몸

위

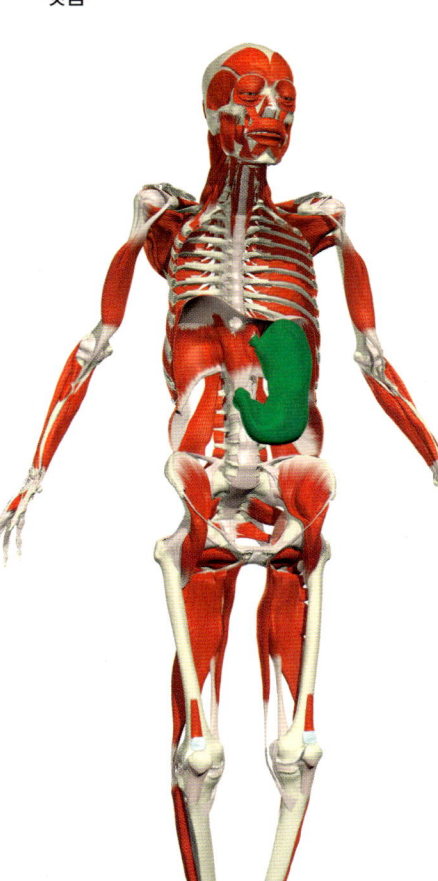

음식물은 식도를 지나 소화관 중에 가장 넓고 유연한 J자 모양의 위에 도착한다. 위벽에 있는 근육은 음식물을 때리고 뒤섞고, 소화효소가 들어 있는 위액에 적신다. 이 과정은 3시간 동안 이루어진다. 위 안쪽 벽은 위액에 의해 소화되지 않는데 그 이유는 벽을 덮고 있는 두꺼운 점액층이 위를 보호하고 있기 때문이다. 위의 작용으로 음식물은 어느 정도 소화가 되어 미즙이라고 부르는 크림 같은 액체가 된다. 이것은 위에서 뻗어 나온 깔때기 모양의 출구로 밀려 나오는데, 여기는 날문조임근이라고 하는 고리 모양의 근육이 가로막고 있다. 이 근육은 조금씩 이완하여 작은창자의 맨 처음 부분이자 소화가 본격적으로 시작되는 곳인 샘창자로 미즙을 들여보낸다.

식도는 씹은 음식물을 입과 목구멍에서 위로 보낸다.

위의 내부

비어 있는 위는 주먹보다 작지만 가득 차면 20배 이상 커진다. 위주름이라고 부르는 위 안쪽 벽의 깊은 주름은 음식물이 가득 차면 펴져서 밋밋해진다. 위벽에는 세 층의 민무늬근육이 있는데, 바깥쪽에서 안쪽으로 세로 방향, 가로 방향, 사선 방향의 순서로 층을 이루고 있다. 이 근육층이 각각 다른 방향으로 수축하여 음식물을 효율적으로 섞는다.

날문조임근(유문괄약근)은 고리 모양의 근육이며 이완하여 음식물을 위에서 내보낸다.

샘창자는 작은창자의 맨 처음 부분이다.

알고 있나요?

▶ 인간이 소화 과정에 대해 알게 된 것은 한 별난 사건 때문이었다. 1822년 모피 사냥꾼인 알렉시스 세인트 마틴은 옆구리에 총상을 입는 사고를 당해 위에 몸 밖으로 통하는 영구적인 통로를 만들게 되었다. 마틴은 미합중국 군의관인 윌리엄 보몬트에게 치료를 받았는데 보몬트는 11년이 넘는 동안에 마틴의 위에 여러 종류의 음식물을 매달고 소화되는 데 얼마나 오래 걸리는지 관찰하는 실험을 했다. 보몬트는 1833년에 그 결과를 출판하여 많은 갈채를 받았다.

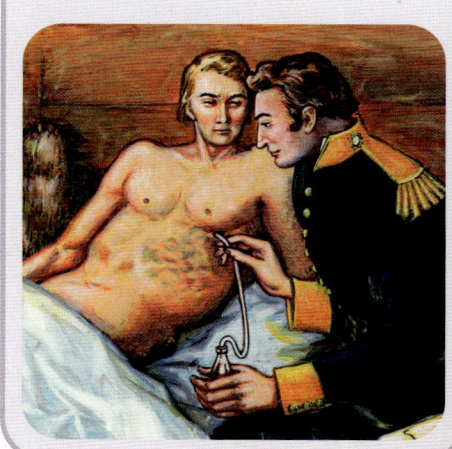

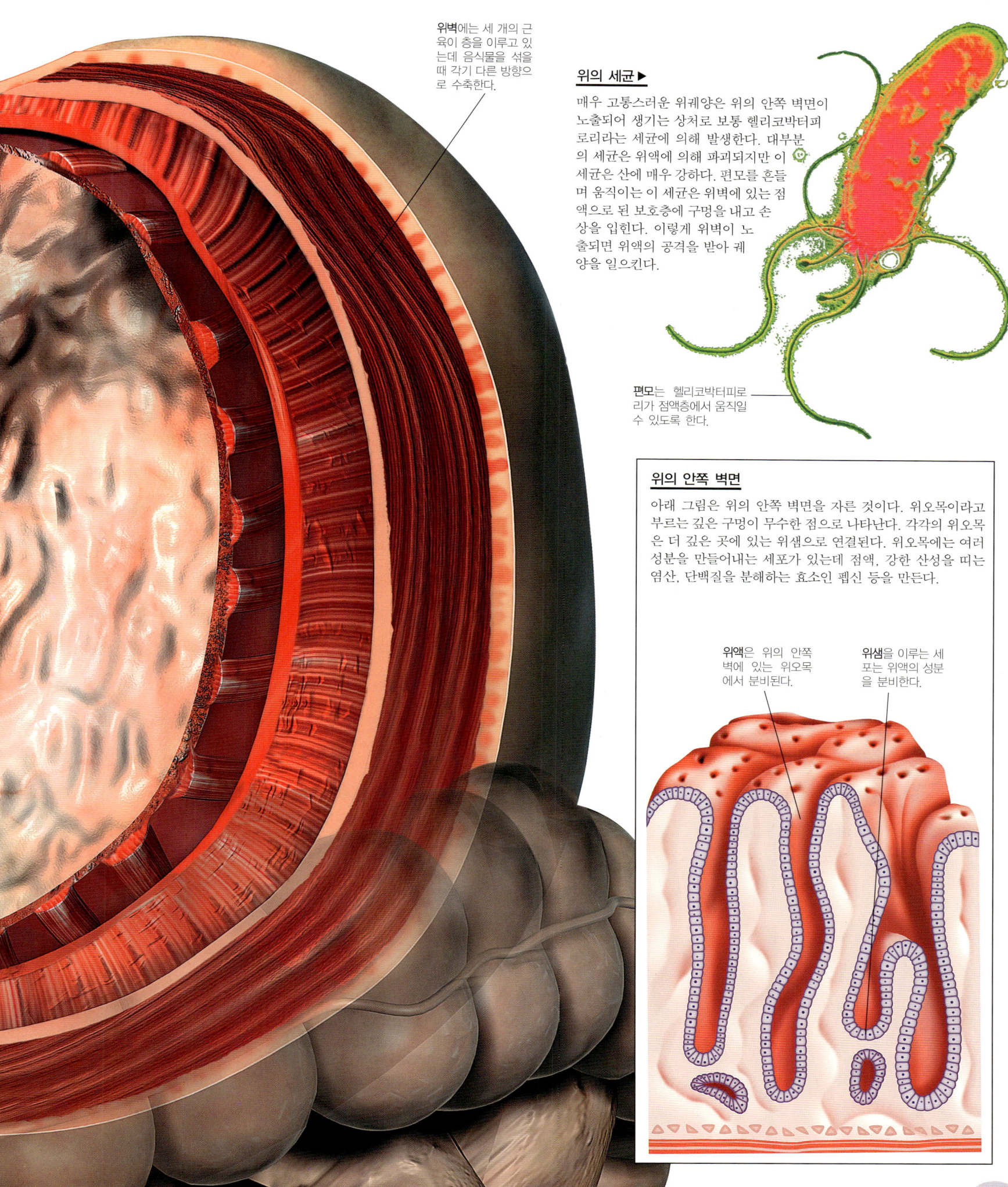

위벽에는 세 개의 근육이 층을 이루고 있는데 음식물을 섞을 때 각기 다른 방향으로 수축한다.

위의 세균 ▶

매우 고통스러운 위궤양은 위의 안쪽 벽면이 노출되어 생기는 상처로 보통 헬리코박터피로리라는 세균에 의해 발생한다. 대부분의 세균은 위액에 의해 파괴되지만 이 세균은 산에 매우 강하다. 편모를 흔들며 움직이는 이 세균은 위벽에 있는 점액으로 된 보호층에 구멍을 내고 손상을 입힌다. 이렇게 위벽이 노출되면 위액의 공격을 받아 궤양을 일으킨다.

편모는 헬리코박터피로리가 점액층에서 움직일 수 있도록 한다.

위의 안쪽 벽면

아래 그림은 위의 안쪽 벽면을 자른 것이다. 위오목이라고 부르는 깊은 구멍이 무수한 점으로 나타난다. 각각의 위오목은 더 깊은 곳에 있는 위샘으로 연결된다. 위오목에는 여러 성분을 만들어내는 세포가 있는데 점액, 강한 산성을 띠는 염산, 단백질을 분해하는 효소인 펩신 등을 만든다.

위액은 위의 안쪽 벽에 있는 위오목에서 분비된다.

위샘을 이루는 세포는 위액의 성분을 분비한다.

윗몸

간과 쓸개주머니

우리 몸이 최상의 기능을 발휘하고 건강하려면 우리 몸에 있는 세포가 온화하고 안정된 조건에서 일할 수 있어야 한다. 간은 피의 성분을 조절하여 세포가 일하기 좋은 조건을 유지하는 데 중요한 역할을 한다. 간세포는 500가지 이상의 기능을 수행하는데 소화를 마친 부산물을 처리하는 것과 관련된 것이 많다. 간세포는 마치 작은 화학 공장 같다고 할 수 있다. 포도당을 저장하거나 사용하고, 지방을 저장하고, 비타민과 미네랄을 저장하고, 피의 독소를 제거하고, 쓸개즙을 생산하고, 세균과 낡은 혈구세포를 제거하는 일을 한다. 이 모든 일을 하는 동안 생기는 열이 몸을 따뜻하게 해준다. 간의 뒤쪽에 숨어 있는 키위만 한 쓸개주머니는 쓸개즙을 저장하는 녹색 주머니다.

간정맥은 간에서 처리된 피를 아래대정맥으로 보낸다.

간관은 간세포에서 나온 쓸개즙을 모은다.

간의 오른엽이 왼엽보다 크다.

쓸개주머니는 간에서 만들어진 쓸개즙을 저장한다.

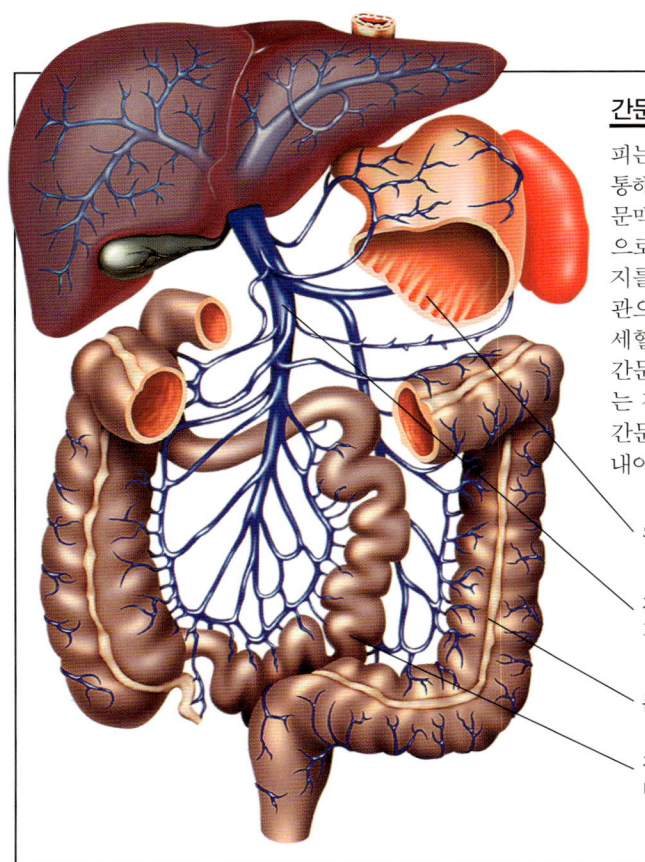

간문맥계

피는 보통 모세혈관을 지나 정맥을 통해 심장으로 되돌아간다. 하지만 문맥계에서는 모세혈관이 모여 정맥으로 갔다가 다시 모세혈관으로 가지를 낸다. 간문맥계에서는 소화기관으로부터 영양소를 흡수한 피가 모세혈관을 흐르다가 다시 합쳐져서 간문맥 또는 그냥 문맥이라고 부르는 정맥으로 흘러간다. 간 내부에서 간문맥이 다시 모세혈관으로 가지를 내어 간세포에 피를 보낸다.

위

간문맥은 간으로 피를 보낸다.

큰창자

작은창자에서 소화의 대부분이 이루어진다.

간

무게가 약 1.5킬로그램인 간은 몸 안에 있는 장기 중에 가장 크다. 특이하게도 간은 하나가 아닌 두 개의 핏줄에서 피를 공급받는다. 간동맥에서 산소가 풍부한 피를, 간문맥에서 영양소가 풍부한 피를 받는다. 간 내부에는 이 핏줄들의 미세한 가지가 하나의 핏줄로 흘러 들어간다. 섞인 피는 간세포를 지나면서 처리가 되고 깨끗한 피는 간정맥을 통해 아래대정맥으로 흘러나간다.

간과 쓸개주머니

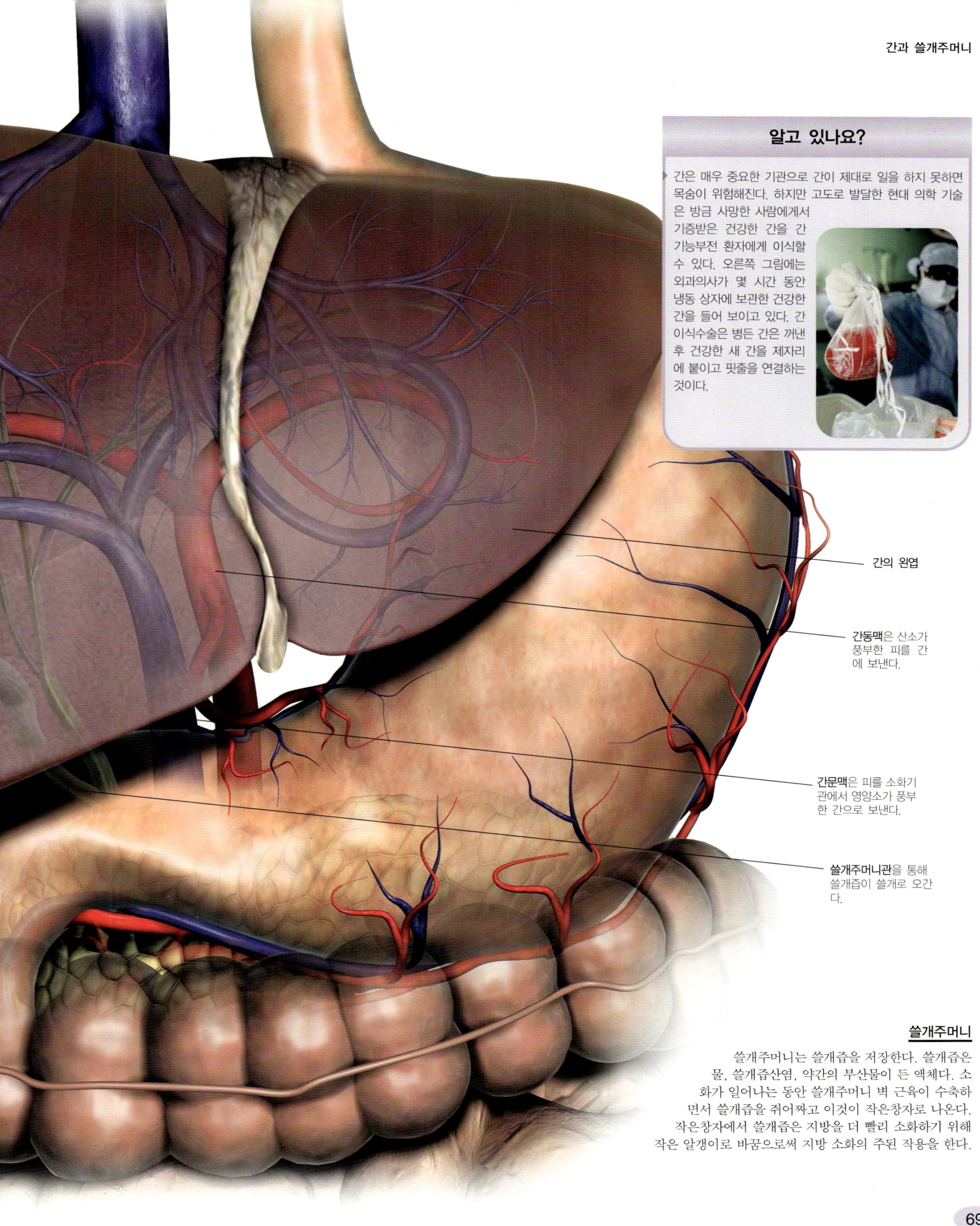

알고 있나요?

간은 매우 중요한 기관으로 간이 제대로 일을 하지 못하면 목숨이 위험해진다. 하지만 고도로 발달한 현대 의학 기술은 방금 사망한 사람에게서 기증받은 건강한 간을 간 기능부전 환자에게 이식할 수 있다. 오른쪽 그림에는 외과의사가 몇 시간 동안 냉동 상자에 보관한 건강한 간을 들어 보이고 있다. 간 이식수술은 병든 간은 꺼낸 후 건강한 새 간을 제자리에 붙이고 핏줄을 연결하는 것이다.

간의 왼엽

간동맥은 산소가 풍부한 피를 간에 보낸다.

간문맥은 피를 소화기관에서 영양소가 풍부한 간으로 보낸다.

쓸개주머니관을 통해 쓸개즙이 쓸개로 오간다.

쓸개주머니

쓸개주머니는 쓸개즙을 저장한다. 쓸개즙은 물, 쓸개즙산염, 약간의 부산물이 든 액체다. 소화가 일어나는 동안 쓸개주머니 벽 근육이 수축하면서 쓸개즙을 쥐어짜고 이것이 작은창자로 나온다. 작은창자에서 쓸개즙은 지방을 더 빨리 소화하기 위해 작은 알갱이로 바꿈으로써 지방 소화의 주된 작용을 한다.

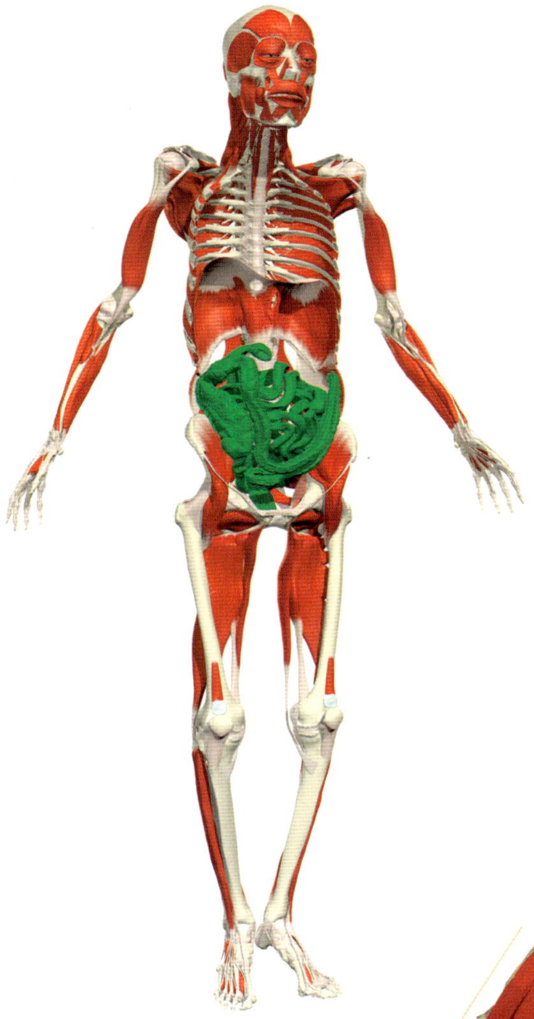

윗몸

창자

복강 안을 채우고 있는 작은창자와 큰창자는 서로 연결되어 소화관의 가장 긴 부분을 이룬다. 음식물이나 찌꺼기가 창자를 지나면서 완전히 처리되는 데에는 몇 시간이 걸린다. 작은창자는 음식물을 단순한 영양소로 분해하여 피로 흡수하고, 남은 찌꺼기는 큰창자의 가장 긴 부분인 주름창자로 간다. 여기에서는 수많은 세균이 만들어낸 비타민과 수분이 피로 흡수된다. 그리고 찌꺼기는 반고형인 배설물이 되어 몸 밖으로 버려진다.

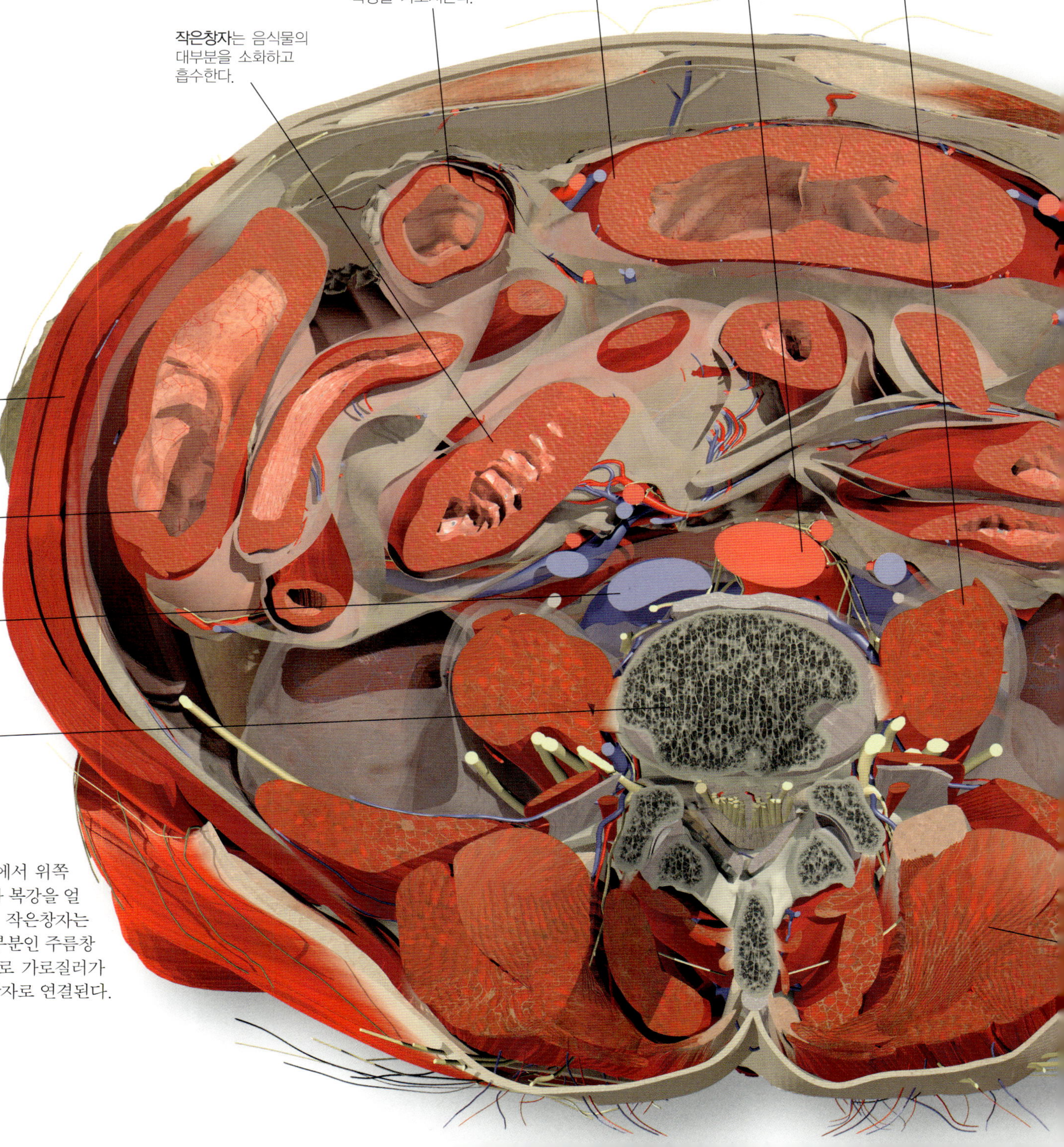

가로주름창자(횡행결장)는 복강을 가로지른다.

위

내림대동맥은 창자와 아랫몸에 피를 보낸다.

큰허리근은 몸통을 옆으로 구부리고 넓적다리를 구부린다.

작은창자는 음식물의 대부분을 소화하고 흡수한다.

배의 근육은 배의 장기를 지지한다.

오름창자(상행결장)는 복강의 오른쪽 위로 올라간다.

아래대정맥은 아랫몸에 있는 피를 모아서 보낸다.

허리뼈는 척주의 한 부분이다.

배의 가로 단면 ▶
이 그림은 배의 가로 단면을 아래쪽에서 위쪽으로 올려다본 것이다. 이것은 창자가 복강을 얼마나 가득 채우고 있는지 보여준다. 작은창자는 가운데에 접혀 있고, 큰창자의 주요 부분인 주름창자는 복강 오른쪽 옆에서 왼쪽 옆으로 가로질러가다가 배설물을 밖으로 밀어내는 곧창자로 연결된다.

창자

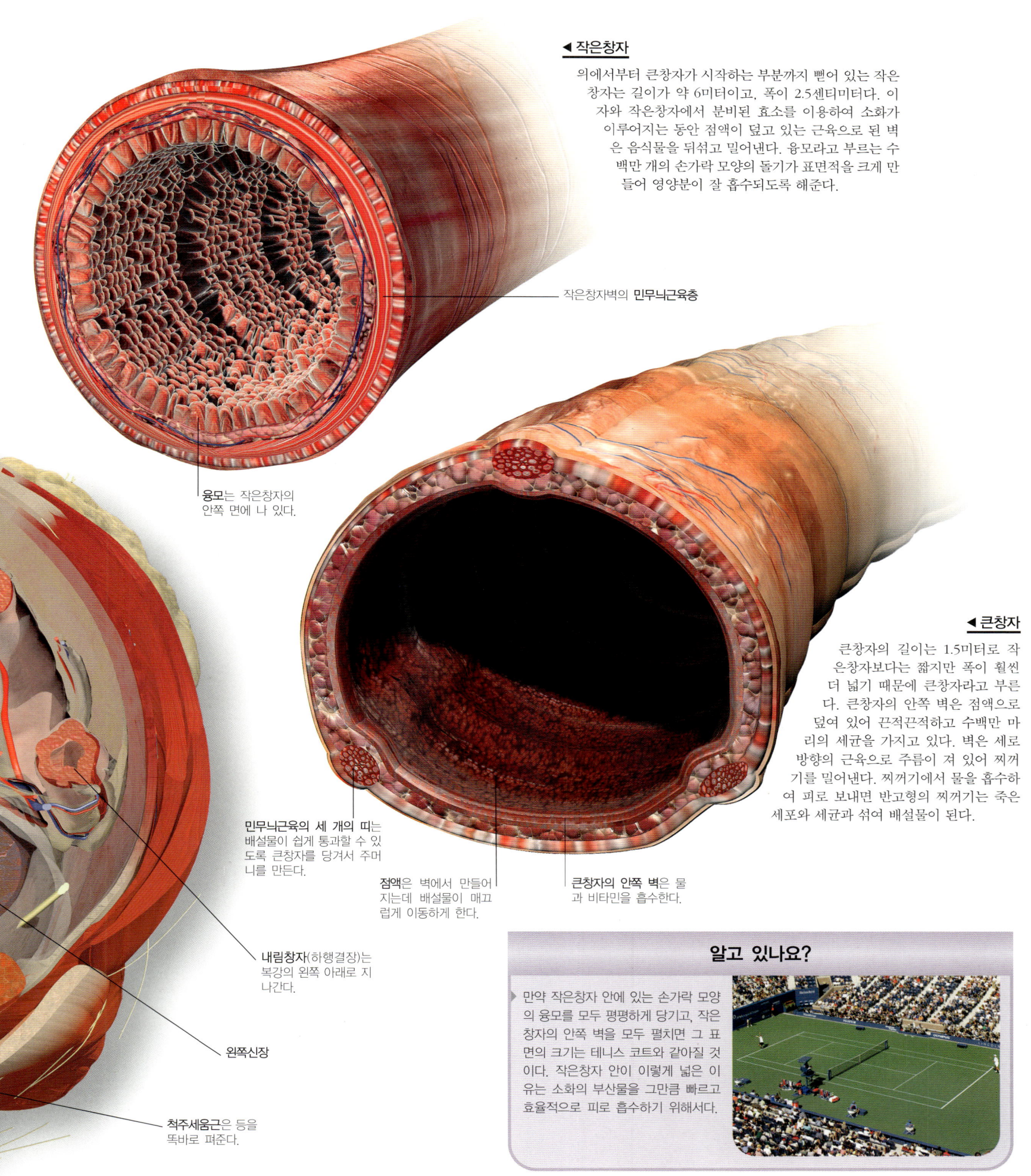

◀ **작은창자**

위에서부터 큰창자가 시작하는 부분까지 뻗어 있는 작은창자는 길이가 약 6미터이고, 폭이 2.5센티미터다. 이자와 작은창자에서 분비된 효소를 이용하여 소화가 이루어지는 동안 점액이 덮고 있는 근육으로 된 벽은 음식물을 뒤섞고 밀어낸다. 융모라고 부르는 수백만 개의 손가락 모양의 돌기가 표면적을 크게 만들어 영양분이 잘 흡수되도록 해준다.

작은창자벽의 **민무늬근육층**

융모는 작은창자의 안쪽 면에 나 있다.

◀ **큰창자**

큰창자의 길이는 1.5미터로 작은창자보다는 짧지만 폭이 훨씬 더 넓기 때문에 큰창자라고 부른다. 큰창자의 안쪽 벽은 점액으로 덮여 있어 끈적끈적하고 수백만 마리의 세균을 가지고 있다. 벽은 세로 방향의 근육으로 주름이 져 있어 찌꺼기를 밀어낸다. 찌꺼기에서 물을 흡수하여 피로 보내면 반고형의 찌꺼기는 죽은 세포와 세균과 섞여 배설물이 된다.

민무늬근육의 세 개의 띠는 배설물이 쉽게 통과할 수 있도록 큰창자를 당겨서 주머니를 만든다.

점액은 벽에서 만들어지는데 배설물이 매끄럽게 이동하게 한다.

큰창자의 안쪽 벽은 물과 비타민을 흡수한다.

내림창자(하행결장)는 복강의 왼쪽 아래로 지나간다.

왼쪽신장

척주세움근은 등을 똑바로 펴준다.

알고 있나요?

▶ 만약 작은창자 안에 있는 손가락 모양의 융모를 모두 평평하게 당기고, 작은창자의 안쪽 벽을 모두 펼치면 그 표면의 크기는 테니스 코트와 같아질 것이다. 작은창자 안이 이렇게 넓은 이유는 소화의 부산물을 그만큼 빠르고 효율적으로 피로 흡수하기 위해서다.

윗몸
골반

엉덩이에 손을 올리면 몸통의 가장 아래 부분인 골반의 뼈가 만져지는 것을 알 수 있다. 튼튼한 그릇 모양의 골반은 골반강 안의 기관을 둘러싸고 보호하고 지지한다. 골반은 다리를 몸통에 붙이고 꼿꼿하게 선 자세를 유지하게 한다. 또 뼈의 표면이 넓기 때문에 몸통을 움직이는 근육은 뼈의 위쪽에, 다리를 움직이는 근육은 아래쪽에 붙을 수 있다.

골반의 뼈대

골반은 세 개의 뼈로 이루어져 있다. 두 개의 관골과, 척주의 부분으로 두 관골을 연결하는 엉치뼈와 꼬리뼈가 그것이다. 두 관골은 각각 분리된 세 개의 뼈인 엉덩뼈, 궁둥뼈, 두덩뼈로 이루어지는데 이것은 십대 때 하나의 뼈로 융합된다. 세 뼈는 넙다리뼈머리가 딱 맞는 컵 모양의 함몰된 부분인 볼기뼈절구에서 만난다. 두 개의 관골이 다리이음뼈가 되어 다리를 몸에 단단히 고정한다.

골반의 인대는 엉덩뼈와 엉치뼈 사이의 관절을 지지한다.

엉치뼈와 꼬리뼈는 관골과 함께 골반을 이룬다.

컵 모양의 볼기뼈절구(관골구)는 넙다리뼈머리와 절구공이관절을 이룬다.

척주 또는 등뼈

엉덩뼈(장골)는 관골의 한 부분으로 엉치뼈와 관절을 이룬다.

관골은 양쪽 두 개가 다리이음뼈를 이룬다.

두덩뼈(치골)는 관골의 앞쪽에 있다.

두덩결합(치골결합)은 두 두덩뼈 사이의 관절이다.

엉덩관절(고관절)은 강한 인대로 서로 맞물려 있다.

궁둥뼈(좌골)는 관골의 한 부분으로 앉을 때 몸무게가 실리는 뼈다.

넙다리뼈(대퇴골)는 몸에서 가장 큰 뼈다.

남성과 여성의 골반

골반뼈를 자세히 살펴보는 것만으로 뼈대가 남성의 것인지 여성의 것인지 알 수 있다. 가장 명확한 차이는 골반 입구 즉 골반 한가운데에 있는 구멍이 남성보다 여성이 더 크다는 점이다. 구멍이 더 크기 때문에 출산할 때 완전히 성장한 태아의 머리가 빠져나오기에 충분한 공간이 된다.

여성 골반 / 남성 골반 / 엉치뼈

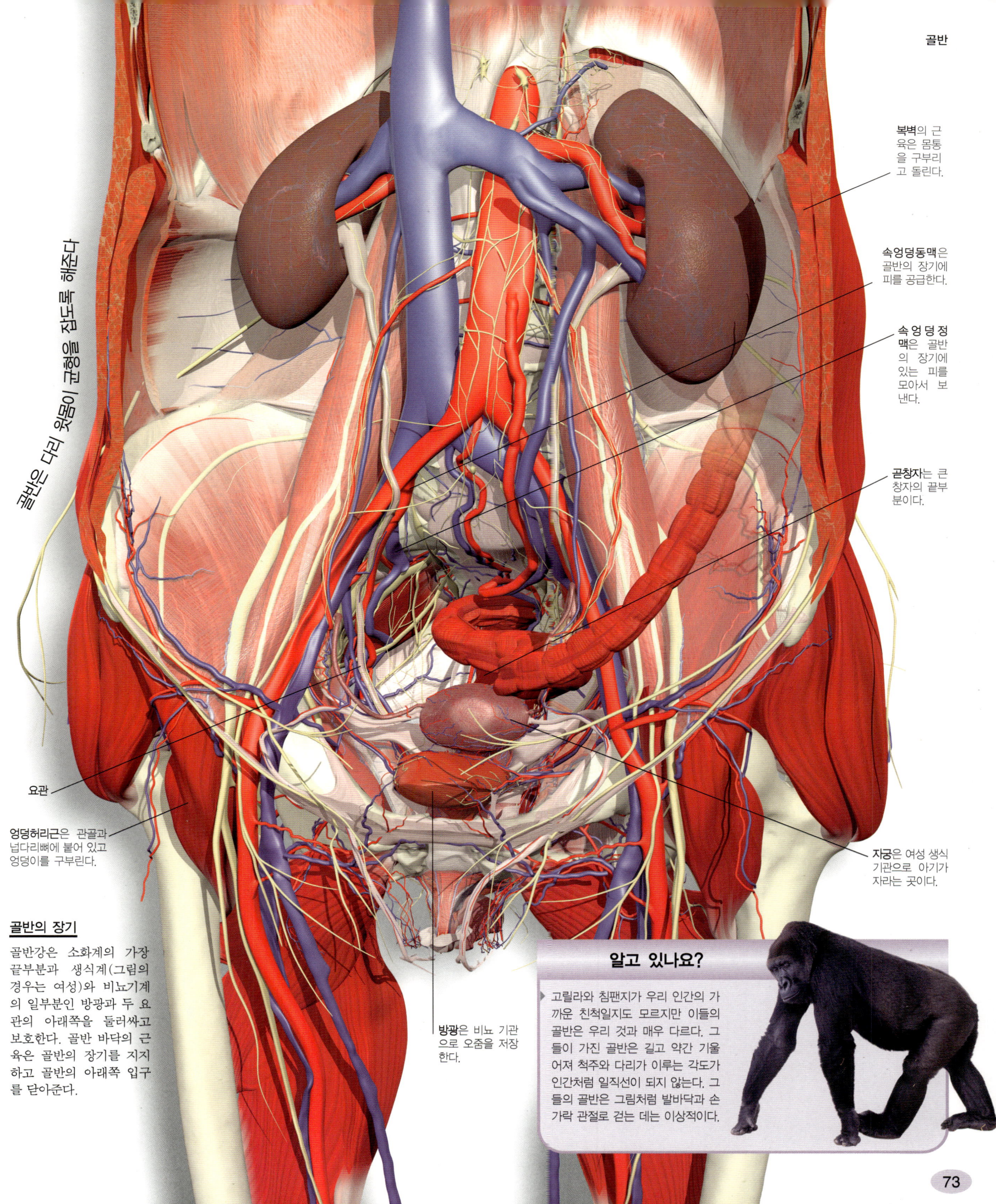

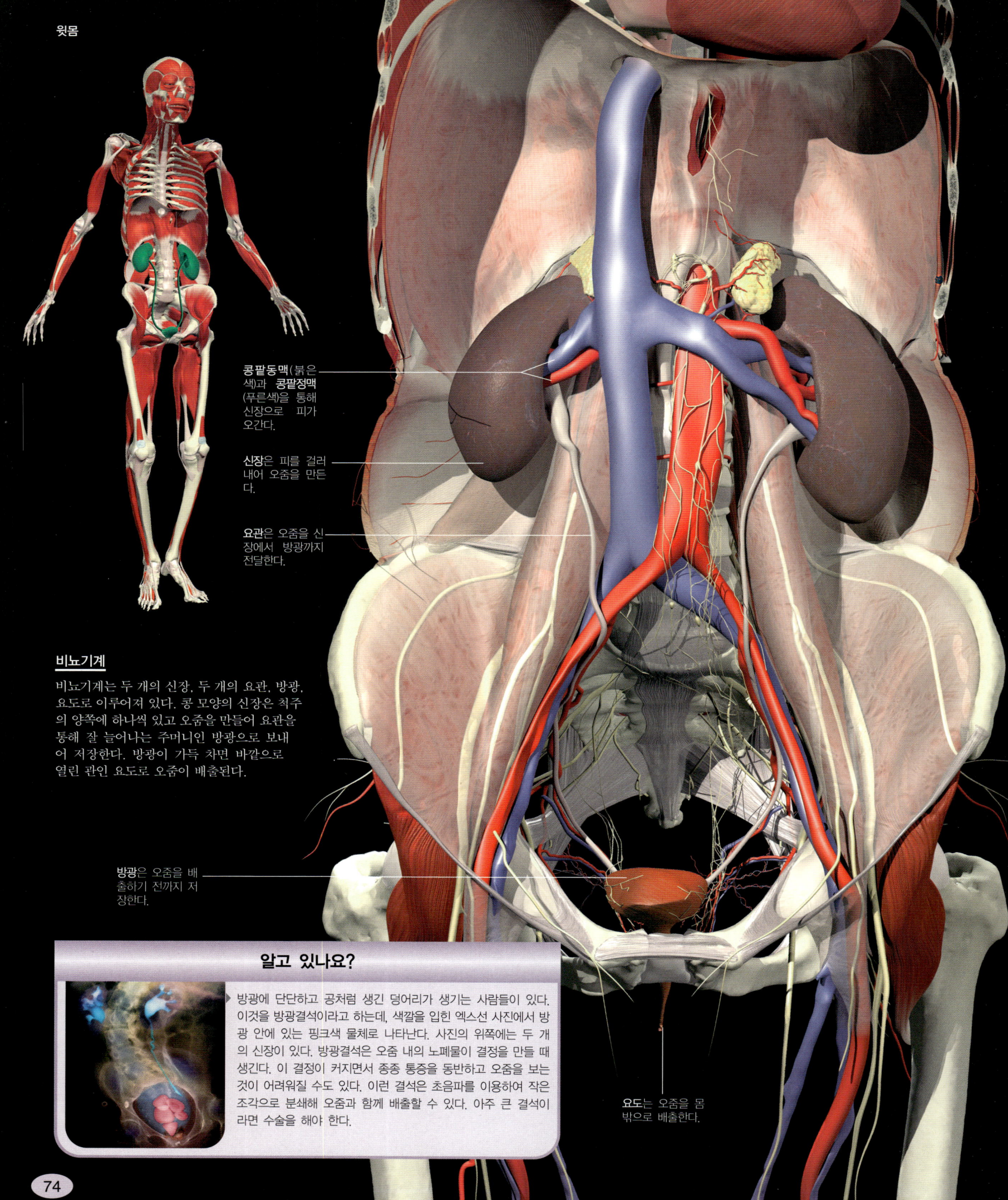

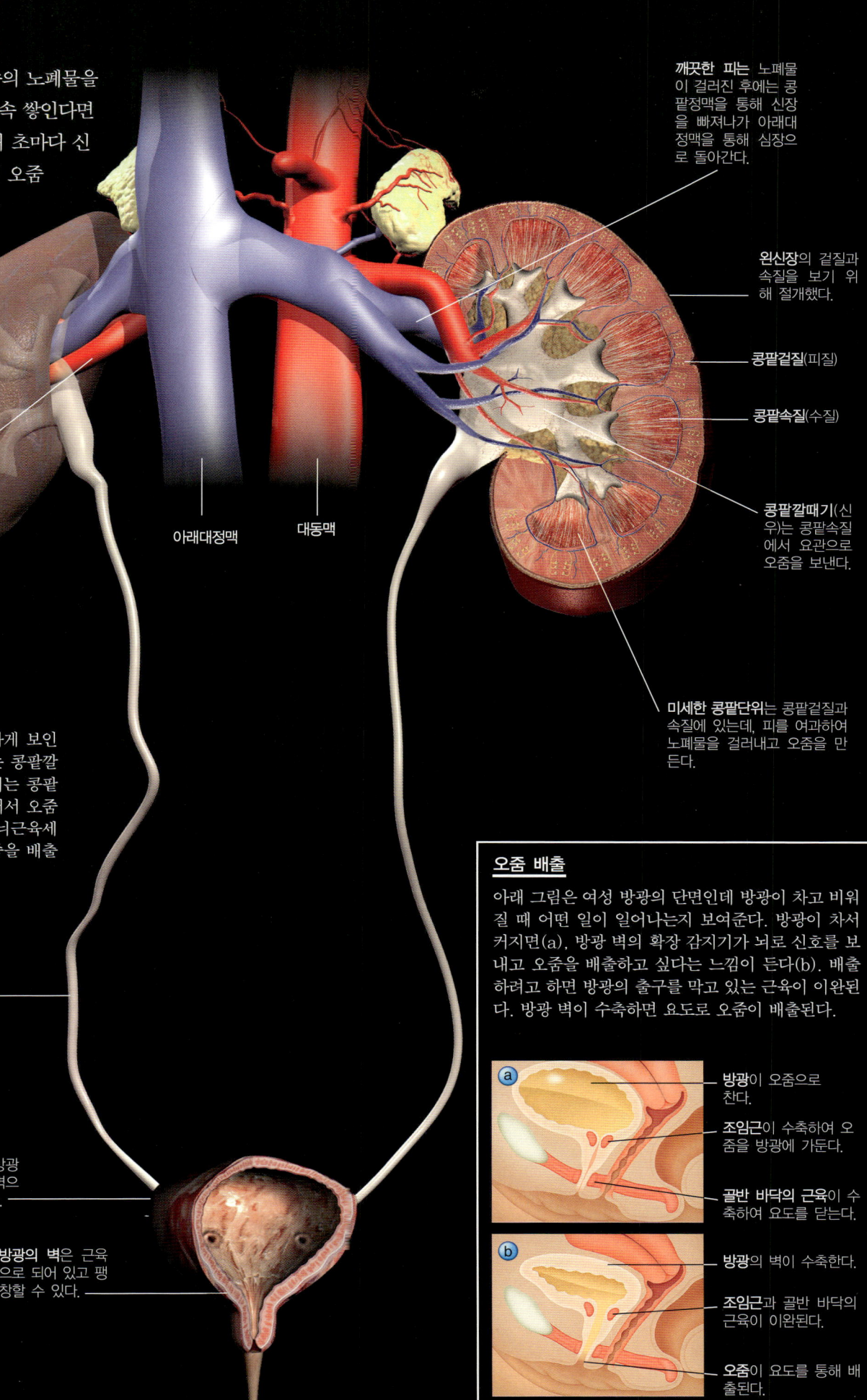

윗몸

여성 생식기

10대 초반 사춘기가 시작될 때부터 50대 초중반에 이르기까지 여성의 생식계는 매달 새로운 생명을 양육할 수 있는 가능성을 준비한다. 우리가 월경주기라고 부르는 정기적이며 연속적인 차례에 따라, 난자라는 여성의 생식세포가 난소에서 방출된다. 정자 즉 남성의 생식세포와 만나 수정된 수정란은 자궁의 안쪽 벽에 착상한다. 수정란은 자궁 안에서 보호를 받으며 발달하고 성장하여 아기가 된다. 9개월 후 출산할 때가 되면 자궁의 근육 벽이 연속적으로 강하게 수축하여 아기를 산모의 몸 밖으로 내보낸다.

월경주기와 배란

여성의 월경주기는 약 28일이다. 호르몬이 조절됨에 따라 난자가 난소 안에서 성숙하고, 자궁의 안쪽 벽은 두꺼워져 수정란을 받아들일 수 있게 된다. 월경주기의 중간에 배란이 일어나고 성숙한 난자가 난소의 표면을 찢고 나온다. 만약 난자가 정자에 의해 수정되면 자궁 안에서 아기로 성장하게 된다. 수정이 되지 않는다면 자궁 안쪽의 두꺼운 벽은 깨지고 난자와 함께 월경 기간 동안 질로 나온다. 그 후에 월경주기는 다시 시작된다.

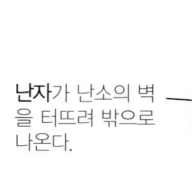

난자가 난소의 벽을 터뜨려 밖으로 나온다.

난소의 표면은 난자가 나오면서 터진다.

알고 있나요?

불임은 남성이 정자를 너무 적게 만들거나 느리게 움직이는 정자를 만들어 생길 수 있다. 이런 경우에는 세포질 내 정자주입이 도움을 주기도 한다. 그림에서 보듯 정자를 배우자의 난소로부터 채취한 난자 속에 직접 주입한다. 그 다음 수정란을 여성의 자궁 안에서 성장시킨다.

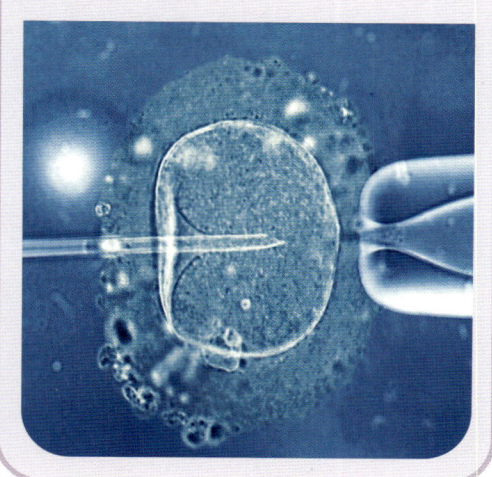

난자의 성숙

난소는 태어날 때 이미 미성숙한 난자 수십만 개가 들어 있는 주머니 모양의 난포를 가지고 있다. 달마다 여러 개의 난포가 성숙하고, 그 안에 있는 난자가 성숙하면서 액체가 차게 된다. 한 난포가 다른 것보다 더 크게 자라 난소의 표면으로 튀어나오다가 배란 시에 터져서 난자가 방출된다.

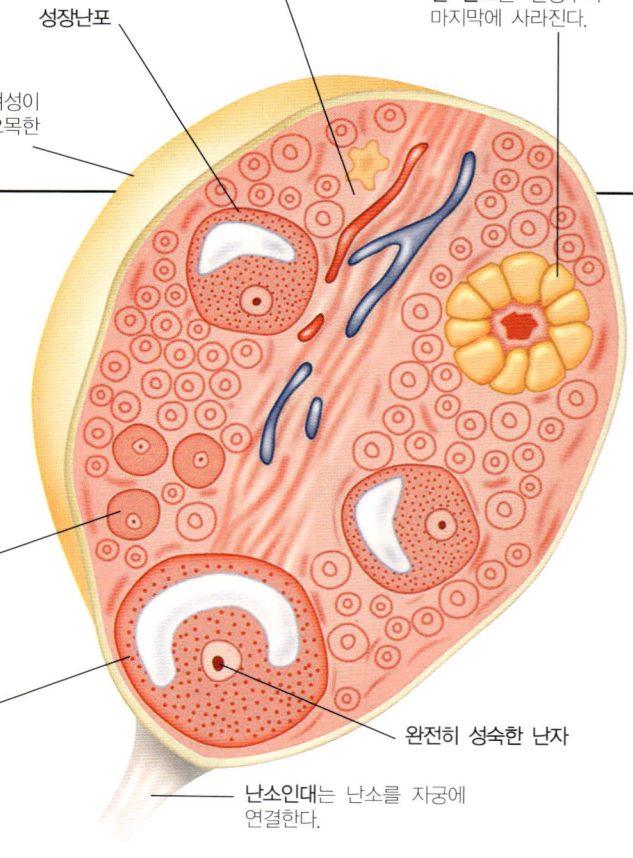

난소속질은 난소에 분포하는 핏줄과 신경을 가지고 있다.

빈 난포는 월경주기 마지막에 사라진다.

성장난포

난소의 표면은 여성이 나이가 들면서 오목한 부분이 늘어난다.

미성숙난포는 아직 다 자라지 않은 상태다.

성숙난포에는 난자에 영양분을 공급하는 세포가 있다.

완전히 성숙한 난자

난소인대는 난소를 자궁에 연결한다.

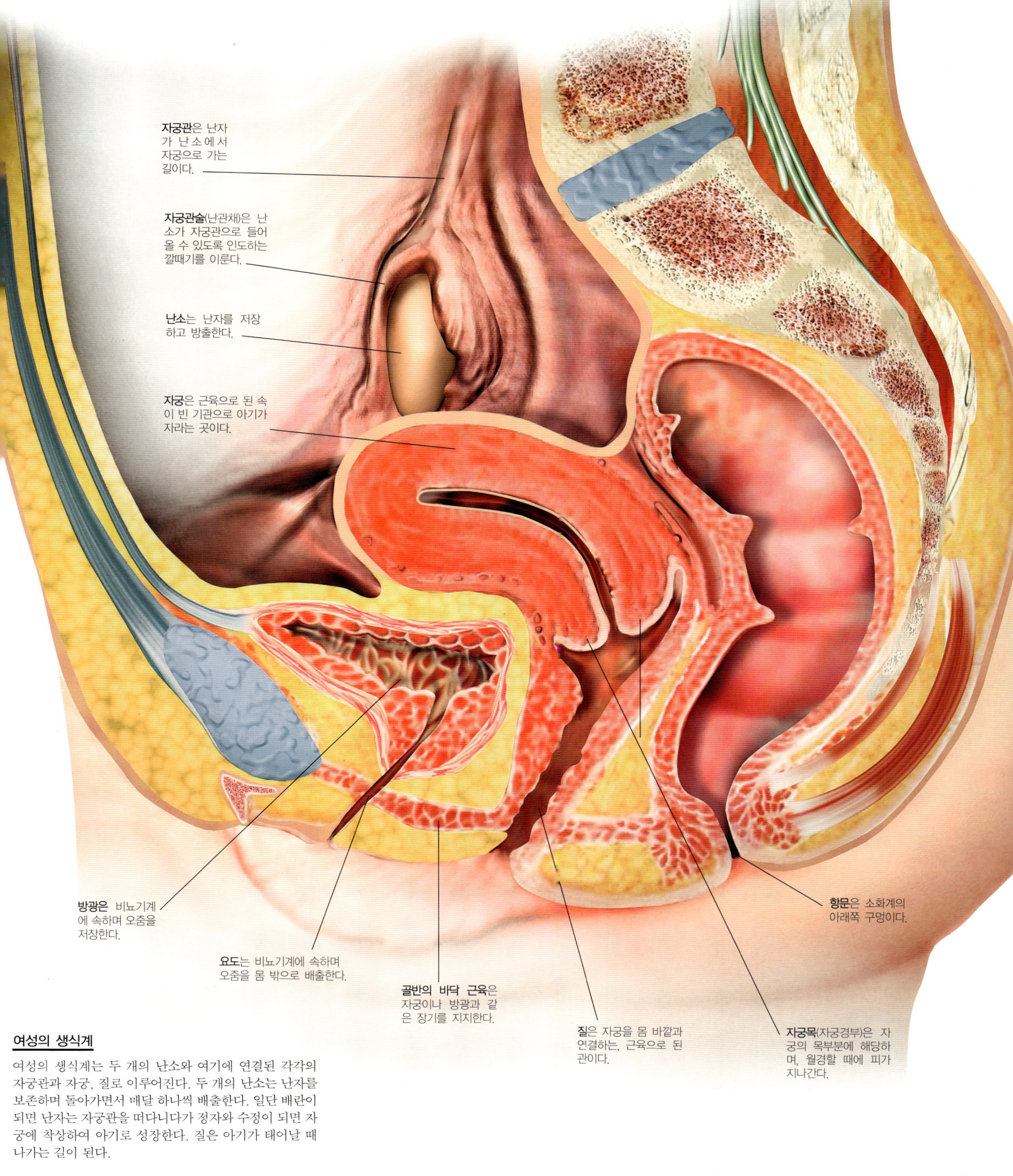

윗몸

남성 생식기

사춘기 이후부터 남성의 생식계는 정자라고 부르는 남성의 생식세포를 만들어낸다. 정자의 역할은 여성의 난자를 찾아 융합하여 아기로 성장할 수정란이 되는 것이다. 각각의 정자는 유선형으로 생겼고 움직일 수 있어 이 역할을 완벽하게 해낼 수 있다. 수백만 개의 정자는 성교라는 친밀한 행위를 통해 여성의 몸 안으로 방출된다. 단지 수백 개의 정자만이 여행에서 살아남아 난자와 만나게 된다.

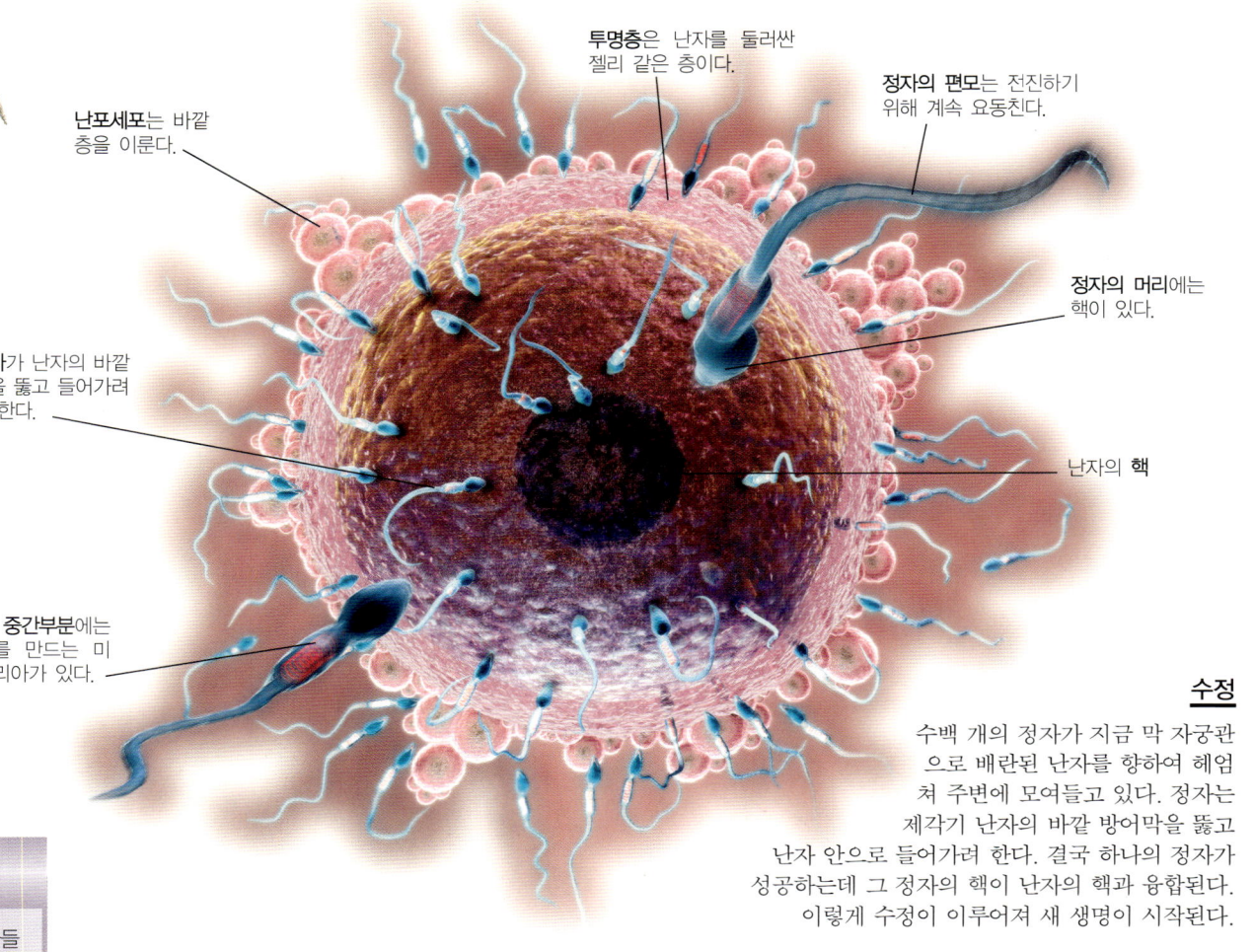

투명층은 난자를 둘러싼 젤리 같은 층이다.

난포세포는 바깥 층을 이룬다.

정자의 편모는 전진하기 위해 계속 요동친다.

정자가 난자의 바깥 층을 뚫고 들어가려고 한다.

정자의 머리에는 핵이 있다.

난자의 핵

정자의 중간부분에는 에너지를 만드는 미토콘드리아가 있다.

수정
수백 개의 정자가 지금 막 자궁관으로 배란된 난자를 향하여 헤엄쳐 주변에 모여들고 있다. 정자는 제각기 난자의 바깥 방어막을 뚫고 난자 안으로 들어가려 한다. 결국 하나의 정자가 성공하는데 그 정자의 핵이 난자의 핵과 융합된다. 이렇게 수정이 이루어져 새 생명이 시작된다.

알고 있나요?

▶ 1677년 정자가 처음 발견되었을 때 많은 과학자들은 정자 속에는 정자미인(精子微人, homunculus)이라고 부르는 작고 완전한 형태를 갖춘 사람이 들어 있어 자궁 안에서 아기로 성장한다고 믿었다. 아기가 수정을 통하여 발생한다는 것은 19세기가 되어서야 밝혀졌다.

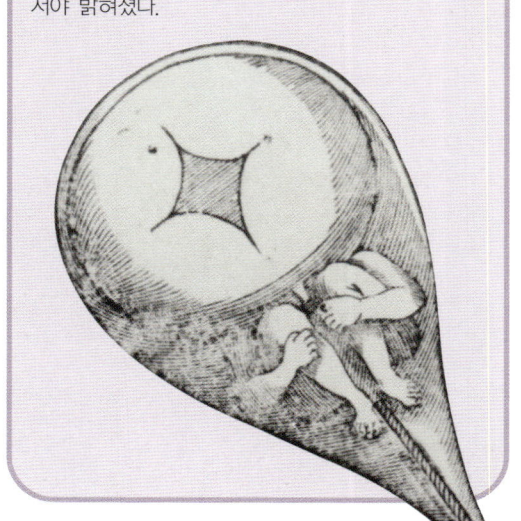

정자의 형성

두 개의 고환은 몸의 바깥쪽에 매달려 있는데 이것은 체온 37도 보다 3도 정도 낮은, 정자가 만들어지는 데 적합한 온도를 유지하기 위해서다. 정세관이라고 부르는 꼬인 관에서 2억 5천만 개 이상의 정자가 매일 생성된다. 정세관을 모두 펴면 500미터 이상이 될 것이다. 미성숙한 정자는 쉼표 모양의 부고환으로 이동하여 성숙하고, 움직이는 능력을 갖춘다. 성숙한 정자는 정관의 맨 처음 부분과 부고환에 저장된다.

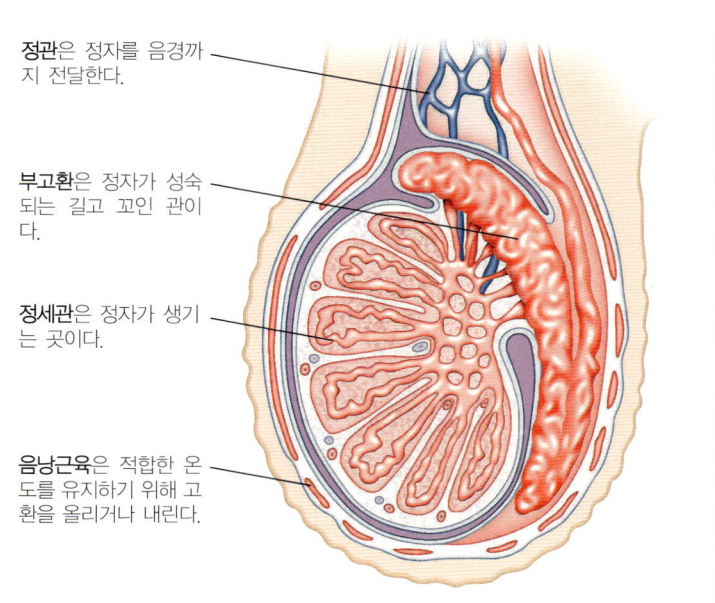

정관은 정자를 음경까지 전달한다.

부고환은 정자가 성숙되는 길고 꼬인 관이다.

정세관은 정자가 생기는 곳이다.

음낭근육은 적합한 온도를 유지하기 위해 고환을 올리거나 내린다.

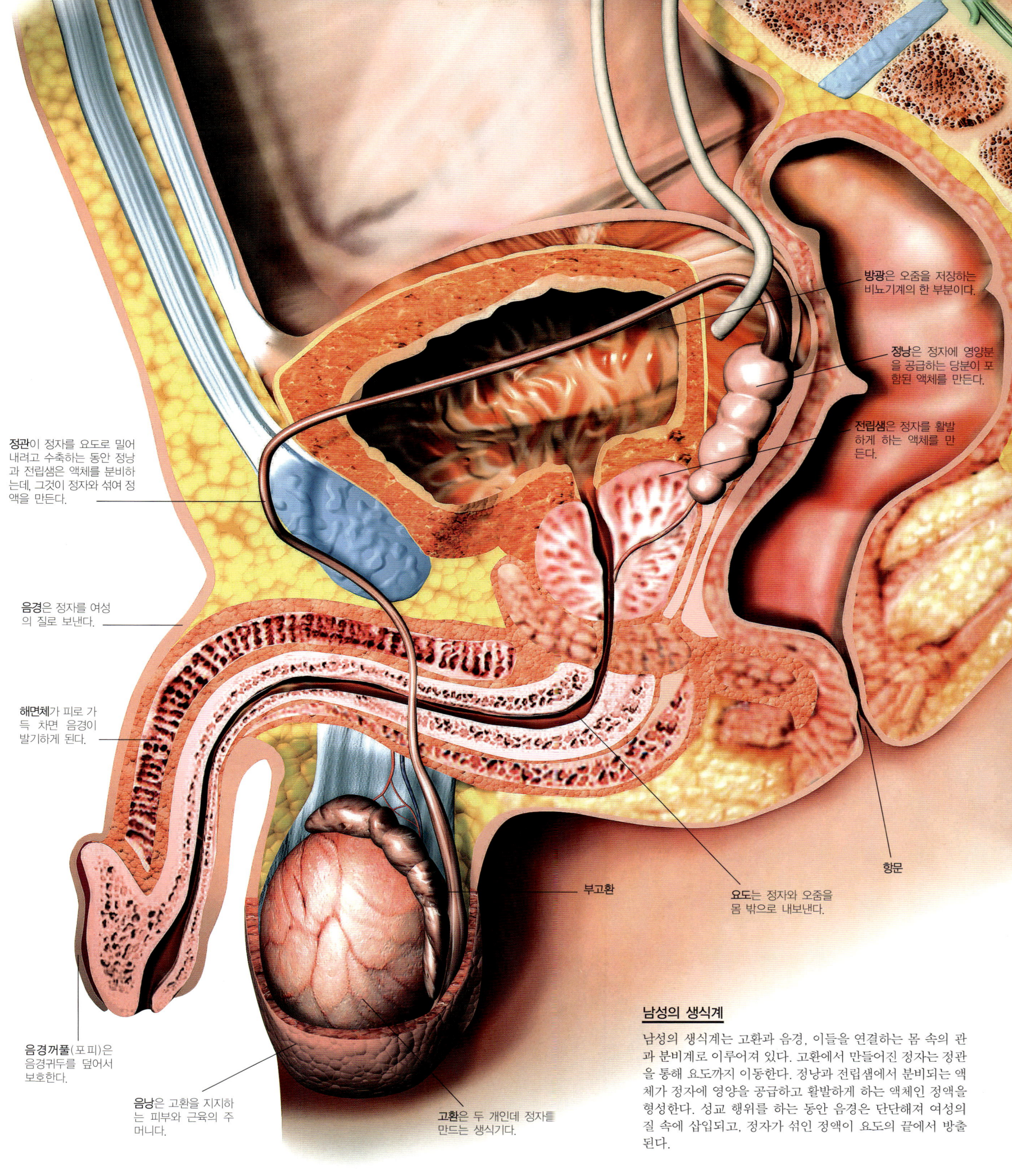

남성의 생식계

남성의 생식계는 고환과 음경, 이들을 연결하는 몸 속의 관과 분비계로 이루어져 있다. 고환에서 만들어진 정자는 정관을 통해 요도까지 이동한다. 정낭과 전립샘에서 분비되는 액체가 정자에 영양을 공급하고 활발하게 하는 액체인 정액을 형성한다. 성교 행위를 하는 동안 음경은 단단해져 여성의 질 속에 삽입되고, 정자가 섞인 정액이 요도의 끝에서 방출된다.

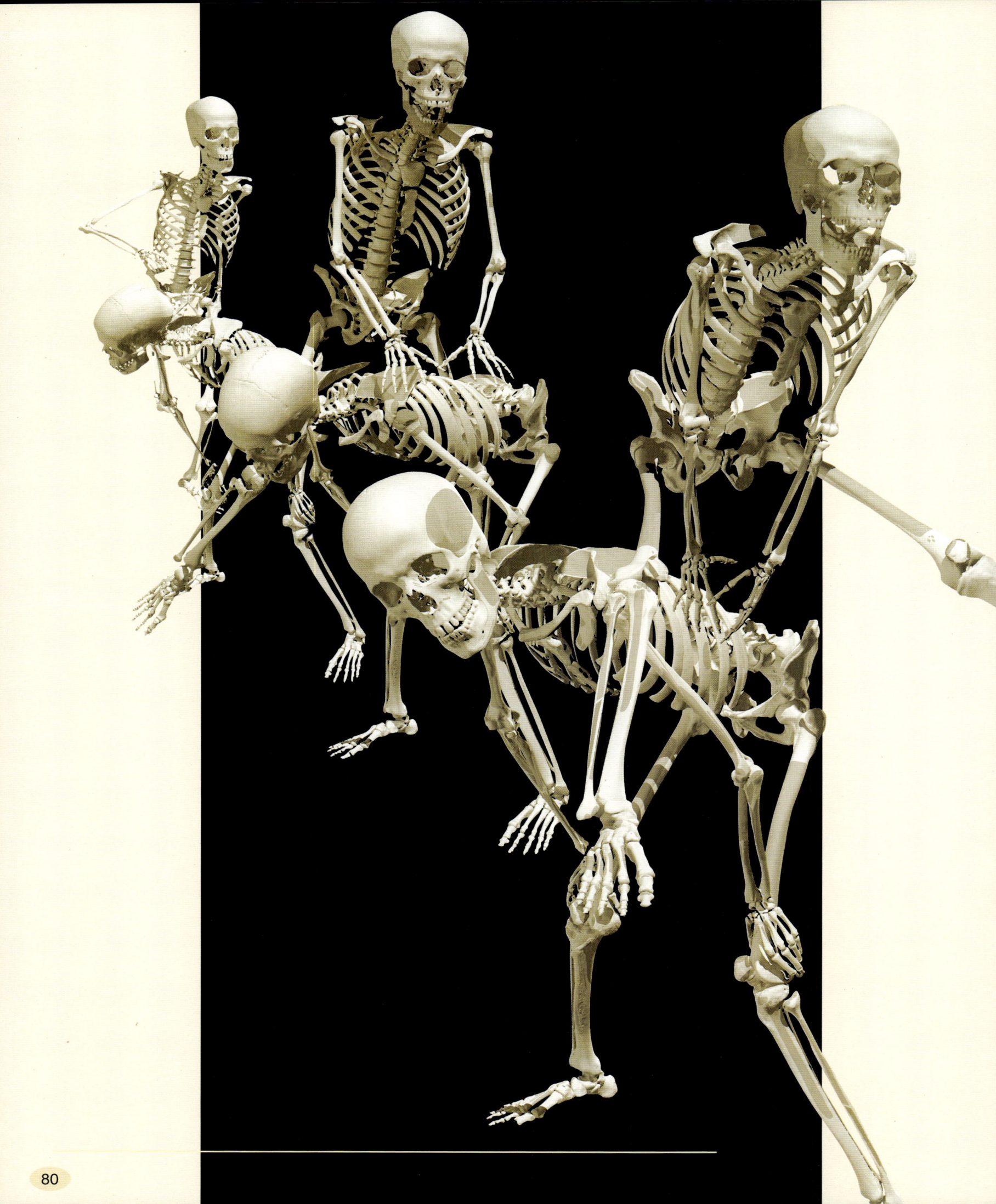

아랫몸

엉덩이에서 발가락끝까지 여행하면서 우리는 근육과 뼈, 핏줄과 신경의 복잡함을 알게 될 것이다. 우리가 서고 걷고 달릴 때 아랫몸의 각 부분이 어떻게 협동하는지 살펴보자.

엉덩이	82
다리 근육	84
넓적다리	86
무릎과 종아리	88
발과 발목	90
용어 해설	92
옮긴이의 말	92
찾아보기	95

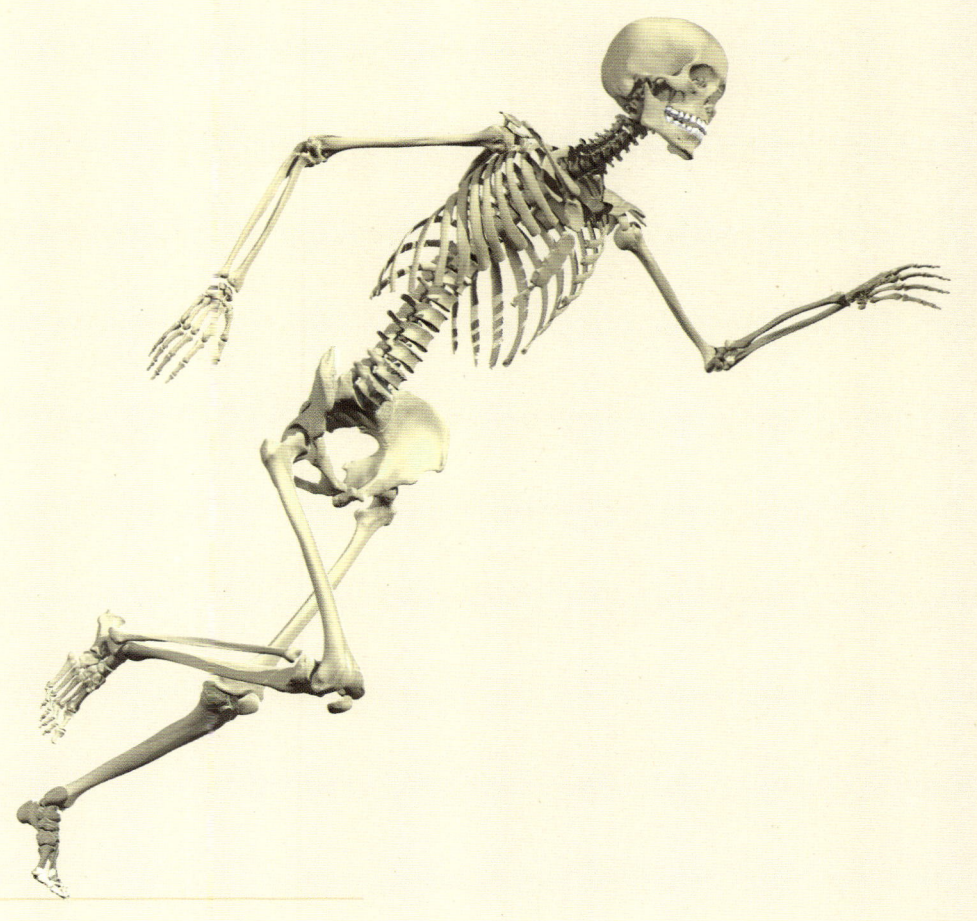

아랫몸
엉덩이

매일 우리가 걷고 달리고 뛰어오르고 그냥 서 있을 때도 다리는 쓰러지지 않도록 아래쪽으로 누르는 몸무게를 지탱해야 한다. 이것은 엉덩이에 있는 다리이음뼈, 엉덩관절 그리고 여기에 있는 근육에 의해 이루어진다. 튼튼한 대야 모양의 다리이음뼈는 엉덩관절을 통하여 다리를 등뼈 또는 척추에 연결하고, 이 부분은 튼튼한 인대로 보강되어 몸무게를 지탱한다. 동시에 유연한 엉덩관절은 다리를 다양한 방향으로 움직이게 해준다.

아기의 볼기뼈는 분리된 세 개의 뼈로 이루어져 있다

알고 있나요?

▶ 관절염에 의해 엉덩관절이 많이 닳거나 손상을 입었다면 금속이나 플라스틱으로 만든 인공관절로 대체할 수 있다. 수술할 때는 볼기뼈의 오목한 부분과 넙다리뼈머리를 모두 제거하고, 새로운 관절의 오목한 면을 제자리에 놓고 여기에 맞게 인공적으로 만든 공을 넙다리뼈에 고정한다. 색깔을 입힌 엑스선 사진에서 분홍색으로 보이는 부분이 인공관절이다.

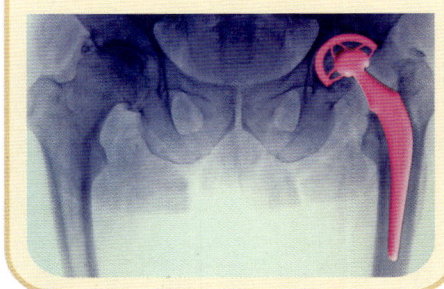

다리이음뼈는 두 볼기뼈로 이루어진다.

볼기뼈절구(관골구)는 볼기뼈에 있는 컵 모양의 오목한 부분이다.

넙다리뼈머리(대퇴골두)는 볼기뼈절구와 함께 엉덩관절을 이룬다.

큰돌기(대전자)에 넓적다리와 엉덩이 근육이 붙어 있다.

인대가 다리이음뼈와 넙다리뼈 사이에 있어 엉덩관절을 더욱 튼튼하게 한다.

작은돌기(소전자)에는 근육이 붙어 있다.

넙다리뼈몸통(대퇴골체)은 매우 튼튼하여 운동할 때 큰 압력을 견딜 수 있다.

뼈와 인대 ▶

공처럼 생긴 넙다리뼈머리는 볼기뼈의 깊은 컵 모양의 오목한 부분에 정확히 들어맞는다. 이것이 엉덩관절을 이루어 넙다리뼈를 구부리고 펴고 돌리고 벌리거나 모은다. 질긴 인대가 볼기뼈에서 넙다리뼈까지 뻗어 있어 엉덩관절을 안정시키고 뼈가 분리되지 않게 해준다. 다리이음뼈와 넙다리뼈의 돌기에는 엉덩관절을 지나고 넓적다리를 움직이는 근육이 부착되어 있다.

엉덩이

엉덩관절

엉덩관절은 넓다리뼈와 볼기뼈 사이의 관절로 절구공이관절이다. 따라서 모든 방향으로 운동이 가능하지만 어깨관절처럼 유연하지 않은데, 이것은 뼈를 붙잡아주는 질긴 인대가 관절의 운동을 제한하기 때문이다. 그렇기 때문에 관절이 더 튼튼하고 안정적이며 몸무게를 견딜 수 있다.

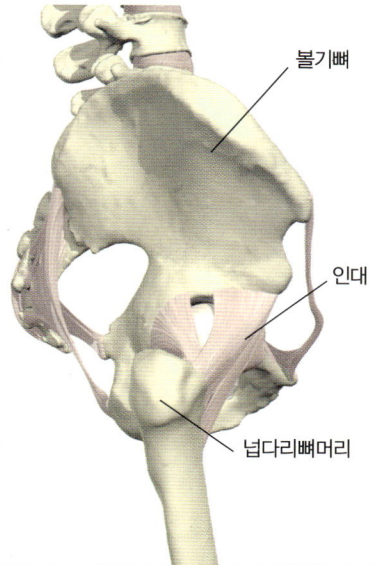

볼기뼈
인대
넙다리뼈머리

엉덩허리근(장요근)은 인사할 때처럼 넓적다리를 구부리고 몸통을 앞으로 구부린다.

넙다리근막긴장근(대퇴근막장근)은 넓적다리를 안쪽으로 돌리고 넓적다리를 구부려 엉덩허리근을 돕는다.

넙다리빗근은 넓적다리를 구부리고 돌리며 몸에서 바깥쪽으로 벌린다.

넙다리동맥은 넓적다리에 피를 공급한다.

◀ 근육과 핏줄

다리이음뼈에 부착된 근육은 엉덩관절을 지나서 다리와 연결된다. 엉덩관절의 앞을 지나는 근육은 대개 넓적다리를 구부리고, 뒤를 지나는 근육은 넓적다리를 편다. 넓적다리와 다리에 분포하는 주요 핏줄은 바깥장골동맥이다. 바깥장골동맥은 엉덩관절을 가로지르면서 넙다리동맥이 된다. 되돌아올 때는 넙다리정맥이 바깥장골정맥이 되어 심장으로 피를 보낸다.

아랫몸
다리 근육

다리는 가만히 서 있을 때 몸을 지탱하고, 달리거나 뛰어오를 때 몸을 움직일 수 있도록 튼튼해야 한다. 다리가 몸 중에서 근육이 가장 많고, 가장 강한 근육을 가진 것은 모두 이 때문이다. 넓적다리의 근육은 엉덩관절이나 무릎관절, 또는 두 관절 모두에 작용하여 엉덩이와 무릎을 구부리거나 편다. 종아리의 근육은 발을 올리거나 내린다.

큰모음근

넙다리네갈래근은 네 개의 근육이 모인 것으로 무릎을 편다.

햄스트링근육은 무릎을 구부리는 넓적다리 뒤쪽의 근육이다.

앞정강근(전경골근)은 발을 위로 들어올린다.

장딴지근

발꿈치힘줄(아킬레스힘줄)은 장딴지근과 가자미근을 발목뼈에 연결한다.

앞   뒤

▲ 근육의 앞쪽과 뒤쪽
넓적다리 앞에 있는 근육은 엉덩이를 구부려 넓적다리를 앞으로 당기고 무릎을 곧게 펴는데, 이것은 걸음을 앞으로 내딛는 부분이다. 넓적다리의 뒤에 있는 근육은 넓적다리를 뒤로 당겨서 엉덩이를 펴고 무릎을 구부리는데, 이것은 걸을 때 뒤를 받친다.

공차기 ▲
공을 차려고 준비할 때는 햄스트링 근육이 무릎을 구부리고 넓적다리를 뒤로 당긴다. 그 다음에 반대 기능을 하는 넙다리네갈래근이 수축하여 넓적다리가 엉덩관절에서 구부러지고 무릎이 펴지면서 공을 강하게 차게 된다.

다리 근육은 몸에서 가장 강한 근육 중 하나다

정강뼈(경골)는 몸무게의 대부분을 종아리로 전달한다.

종아리뼈(비골)는 종아리의 뼈 중 작은 것이다.

장딴지근은 발을 아래로 구부린다.

가자미근은 발을 아래로 구부린다.

긴종아리근(장비골근)은 발을 위로 구부리고 바깥쪽으로 회전시킨다.

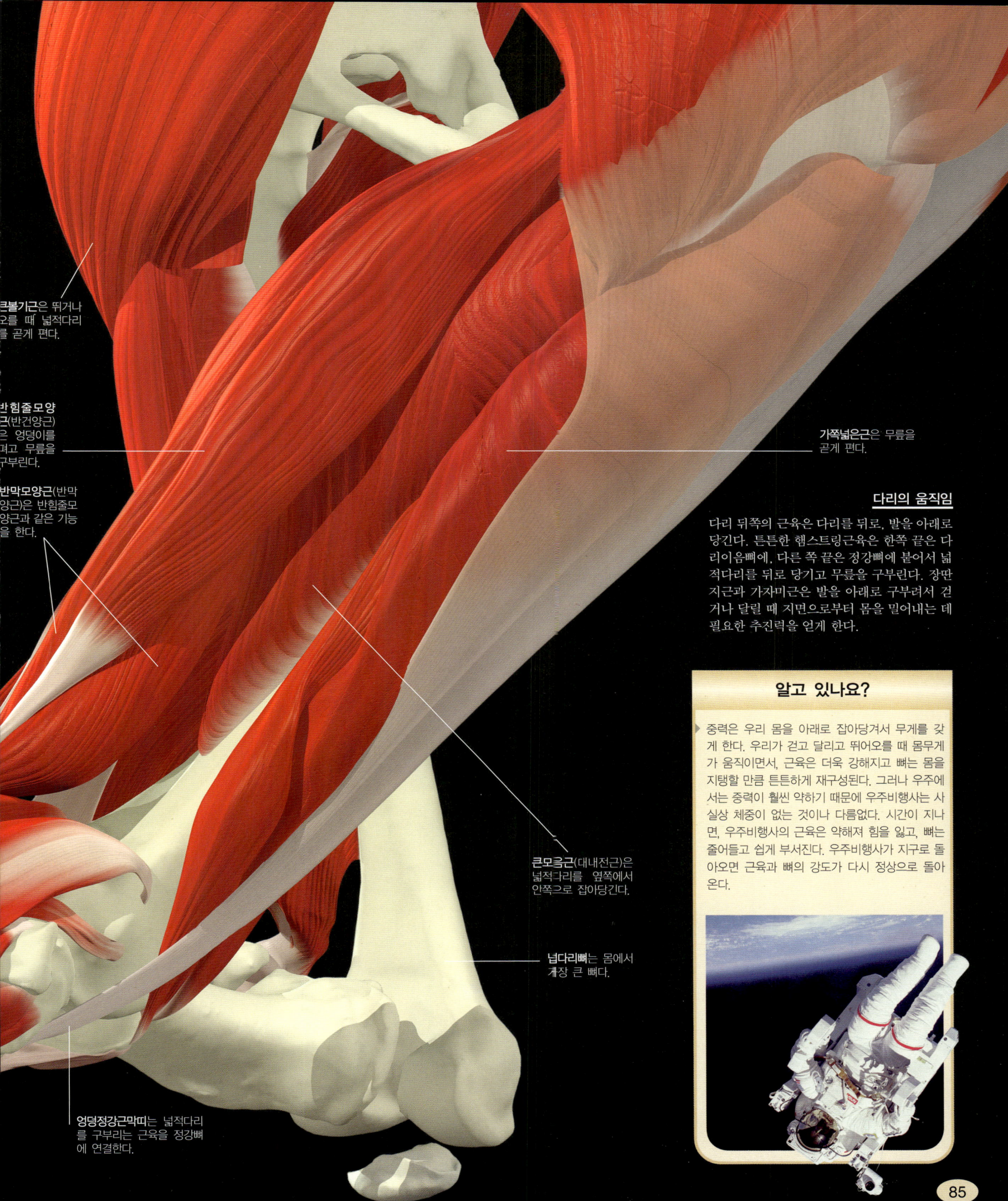

큰볼기근은 뛰거나 오를 때 넓적다리를 곧게 편다.

반힘줄모양근(반건양근)은 엉덩이를 펴고 무릎을 구부린다.

반막모양근(반막양근)은 반힘줄모양근과 같은 기능을 한다.

가쪽넓은근은 무릎을 곧게 편다.

다리의 움직임

다리 뒤쪽의 근육은 다리를 뒤로, 발을 아래로 당긴다. 튼튼한 햄스트링근육은 한쪽 끝은 다리이음뼈에, 다른 쪽 끝은 정강뼈에 붙어서 넓적다리를 뒤로 당기고 무릎을 구부린다. 장딴지근과 가자미근은 발을 아래로 구부려서 걷거나 달릴 때 지면으로부터 몸을 밀어내는 데 필요한 추진력을 얻게 한다.

알고 있나요?

중력은 우리 몸을 아래로 잡아당겨서 무게를 갖게 한다. 우리가 걷고 달리고 뛰어오를 때 몸무게가 움직이면서, 근육은 더욱 강해지고 뼈는 몸을 지탱할 만큼 튼튼하게 재구성된다. 그러나 우주에서는 중력이 훨씬 약하기 때문에 우주비행사는 사실상 체중이 없는 것이나 다름없다. 시간이 지나면, 우주비행사의 근육은 약해져 힘을 잃고, 뼈는 줄어들고 쉽게 부서진다. 우주비행사가 지구로 돌아오면 근육과 뼈의 강도가 다시 정상으로 돌아온다.

큰모음근(대내전근)은 넓적다리를 옆쪽에서 안쪽으로 잡아당긴다.

넙다리뼈는 몸에서 가장 큰 뼈다.

엉덩정강근막띠는 넓적다리를 구부리는 근육을 정강뼈에 연결한다.

아랫몸
넓적다리

넓적다리는 다리에서 엉덩이와 무릎 사이를 말한다. 넓적다리는 몸무게 전체를 지탱하면서 움직여야 하기 때문에 가장 큰 뼈인 넙다리뼈와 가장 강한 근육을 갖고 있다. 넓적다리의 근육 대부분은 위로는 다리이음뼈에 붙어 있고, 아래로는 엉덩관절을 지나 넙다리뼈에 붙어 있거나 엉덩관절과 무릎관절을 모두 지나 정강뼈에 붙어 있다. 넓적다리의 앞에 있는 근육은 엉덩관절에서 넓적다리를 구부리고 무릎을 곧게 편다. 넓적다리의 뒤에 있는 근육은 넓적다리를 곧게 펴고 무릎관절을 구부린다.

넙다리네갈래근

넓적다리 앞에 있는 넙다리네갈래근은 하나의 근육이 아니고, 네 개의 근육이다. 위쪽 끝은 볼기뼈나 넙다리뼈에 붙어 있고, 아래쪽 끝은 하나의 힘줄로 연결되어 무릎 위를 지나 정강뼈에 붙어 있다. 이 강한 근육은 무릎을 곧게 펴서 일어나고 달리고 뛰어오르고 등반할 때 사용된다. 넙다리곧은근은 넙다리네갈래근 중 가장 긴 부분으로 엉덩관절에서 넓적다리를 구부린다.

넙다리네갈래근은 무릎뼈에 붙어 있고 무릎인대를 거쳐 정강뼈어 붙는다.

무릎인대가 정강뼈에 **붙는 지점**

몸에서 가장 긴 근육인 넙다리빗근은 다리를 포갤 수 있게 한다

알고 있나요?

스피드 스케이팅을 하려면 규칙적인 훈련을 통하여 개발된 고도의 근력이 필요하다. 특히 선수들은 강하고 잘 발달된 넓적다리 앞쪽의 근육과 엉덩이 근육을 가지고 있어야 한다. 선수가 앞으로 나아가려면 다리를 뒤로 당긴 다음 곧게 뻗으면서 뒤로 밀어내야 하고, 발을 차는 동안 중심을 잡을 수 있도록 다른 쪽 다리로 몸을 지탱해야 하기 때문이다.

넓적다리

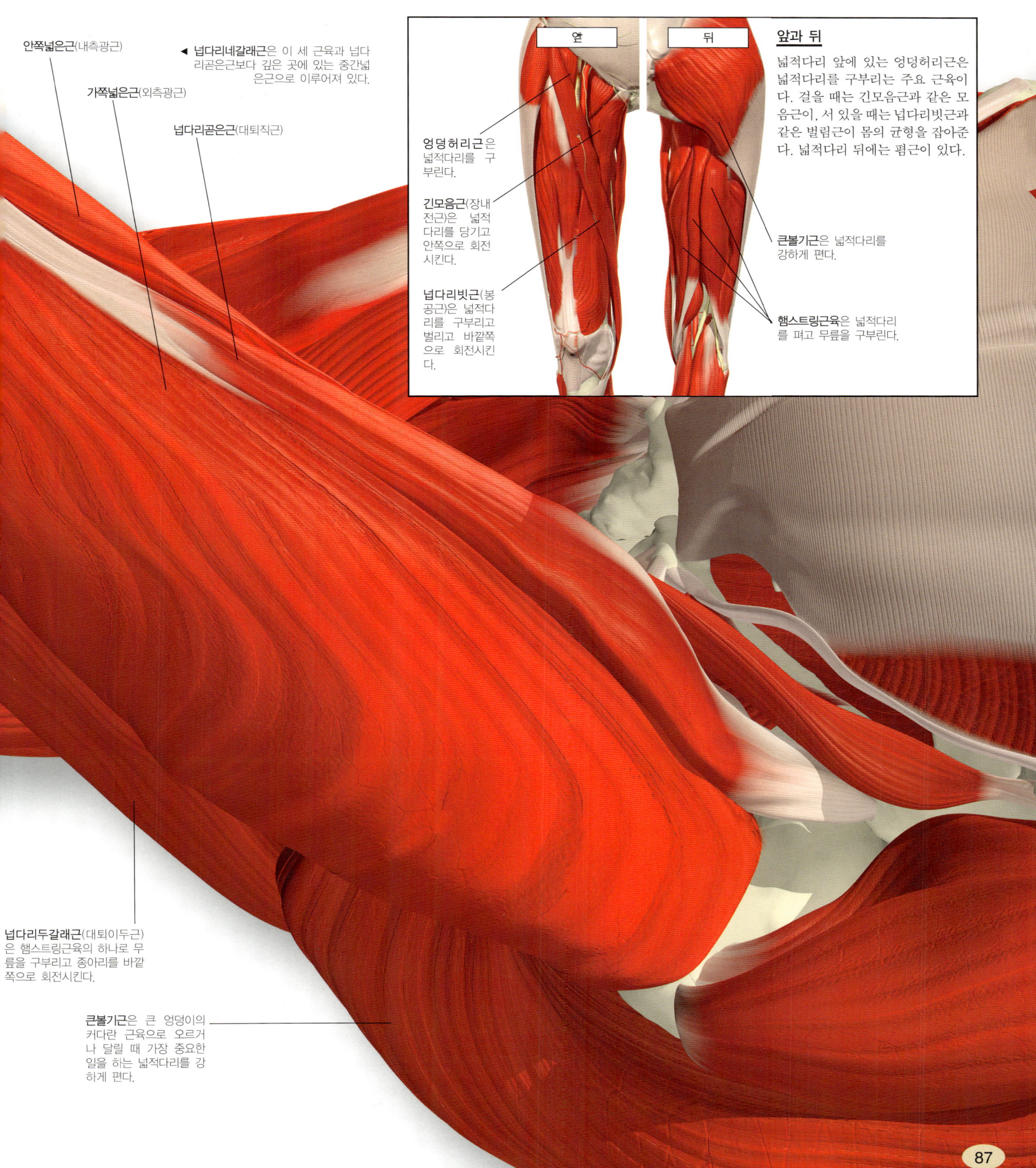

안쪽넓은근(내측광근)

가쪽넓은근(외측광근)

넙다리곧은근(대퇴직근)

◀ 넙다리네갈래근은 이 세 근육과 넙다리곧은근보다 깊은 곳에 있는 중간넓은근으로 이루어져 있다.

앞 | 뒤

앞과 뒤
넓적다리 앞에 있는 엉덩허리근은 넓적다리를 구부리는 주요 근육이다. 걸을 때는 긴모음근과 같은 모음근이, 서 있을 때는 넙다리빗근과 같은 벌림근이 몸의 균형을 잡아준다. 넓적다리 뒤에는 폄근이 있다.

엉덩허리근은 넓적다리를 구부린다.

긴모음근(장내전근)은 넓적다리를 당기고 안쪽으로 회전시킨다.

넙다리빗근(봉공근)은 넓적다리를 구부리고 벌리고 바깥쪽으로 회전시킨다.

큰볼기근은 넓적다리를 강하게 편다.

햄스트링근육은 넓적다리를 펴고 무릎을 구부린다.

넙다리두갈래근(대퇴이두근)은 햄스트링근육의 하나로 무릎을 구부리고 종아리를 바깥쪽으로 회전시킨다.

큰볼기근은 큰 엉덩이의 커다란 근육으로 오르거나 달릴 때 가장 중요한 일을 하는 넓적다리를 강하게 편다.

아랫몸

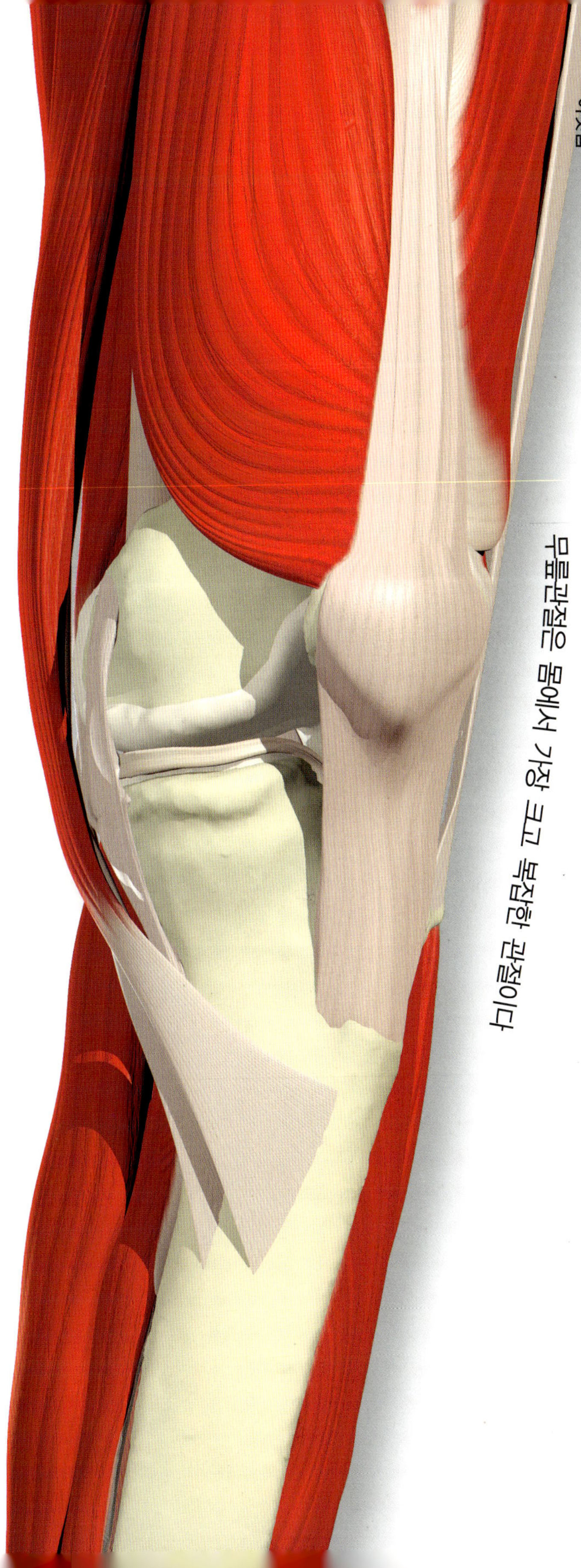

무릎관절은 몸에서 가장 크고 복잡한 관절이다

무릎과 종아리

서서 걷는 인간의 다리는 몸무게를 지탱하고, 걷고 달릴 때 생기는 충격을 견딜 수 있도록 몸에서 가장 강한 뼈와 관절을 가지고 있다. 넙다리뼈와 정강뼈가 만나는 곳에 있는 무릎관절은 튼튼하고 안정된 관절이며 움직일 수도 있다. 무릎에서 발목까지 뼈나 있는 종아리는 앞뒤에 있는 근육으로 발목과 발가락을 구부려 걸을 수 있게 한다.

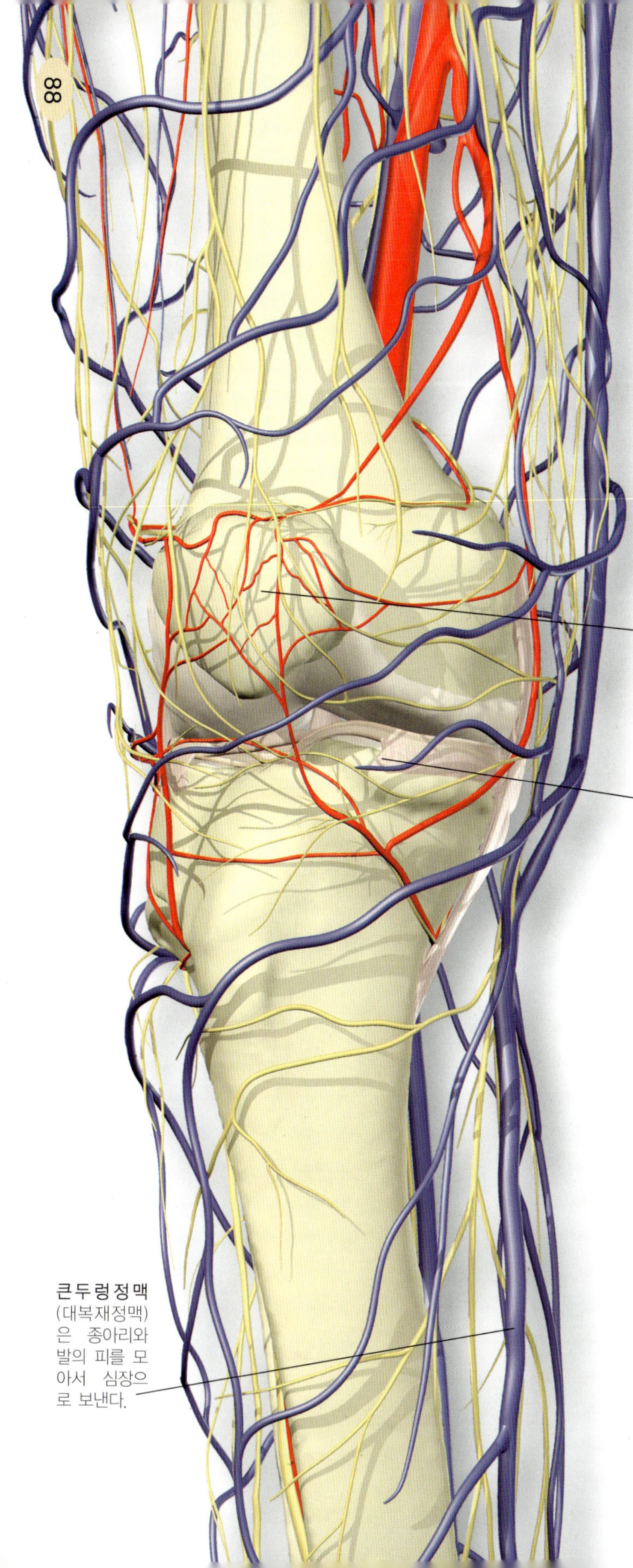

무릎뼈는 정강뼈에 붙어 있는 넙적다리 힘 근육이 보호한다.

무릎관절(슬관절)은 넙다리뼈와 정강뼈 사이의 관절이다.

▲ **무릎**
무릎에 있는 경첩관절은 다리를 펼 수도 있지만 그 이상은 불가능하다. 관절의 바깥과 안쪽에 있는 질긴 인대로 제 위치에 묶여 있다. 게다가, 관절방안이라는 C자 모양의 인대가 넙다리뼈의 끝과 정강뼈의 끝 사이에 있어 걸을 때 무릎으로 전달되는 충격을 흡수한다.

종아리의 근육
가자미근과 장딴지근은 종아리의 모양을 만들고 발을 아래로 구부리도록 발꿈치뼈를 당겨서 걷거나 발끝으로 걸음걸이, 발끝으로 서게 한다.

가자미근은 정면지근과 협동하여 움직일 때 자세를 유지하도록 돕는다.

장딴지근은 무릎을 접을 때 발을 아래로 구부린다.

장딴지근힘줄은 가자미근과 만나 종아리 아래쪽으로 내려가 발꿈치힘줄을 이룬다.

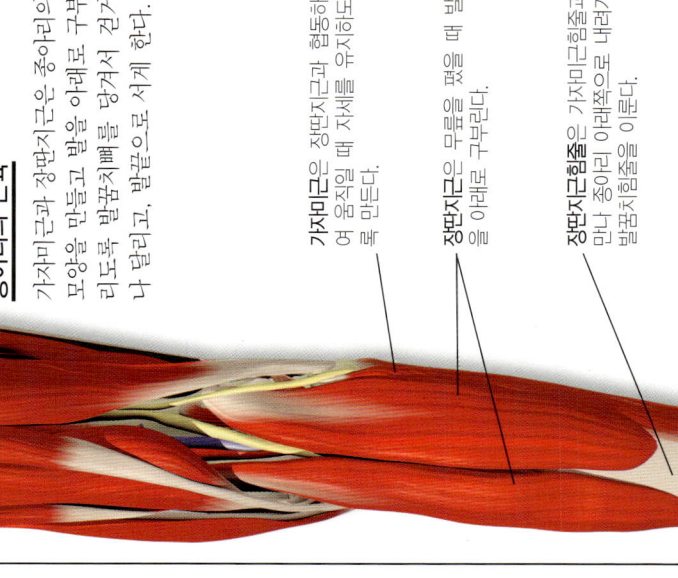

큰두렁정맥(매우체정맥) 종아리 안쪽에서 허벅지 안쪽을 따라 올라가 넓적다리 위쪽 심장을 향해 보낸다.

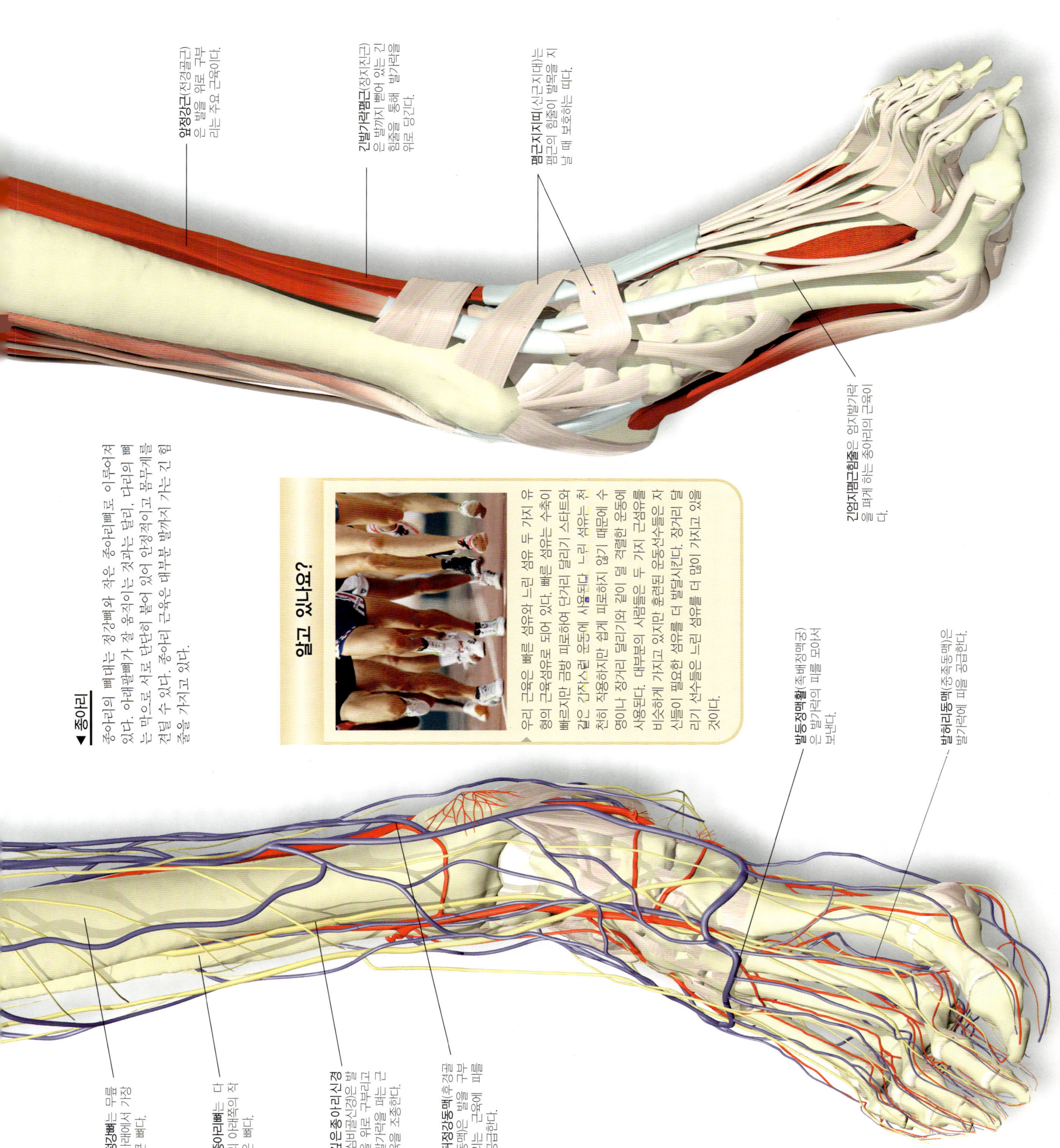

이랫몸

발과 발목

힘들게 일하는 발은 때로는 몇 시간씩 몸무게를 받치기도 하고, 움직이거나 서 있을 때 균형을 잡는다. 발은 유연한 도약판 역할을 하여 걷고 달리고 뛰어오르게 한다. 발목에서는 정강이뼈가 맨 위의 발뼈인 목말뼈와 관절을 이룬다. 이러한 경첩관절은 종아리의 근육이 당겨질 때 발을 위아래로 구부리게 하며, 발 근육의 도움을 받아 발가락을 움직이기도 한다.

▶ 위에서 본 발과 발목

이 그림은 오른발을 위에서 본 것으로 발뼈와 힘줄 그리고 근육이 나타난다. 긴 힘줄은 종아리의 앞에 있는 근육에서 나온 것으로, 발목을 지나 발뼈에 고정되어 있다. 이들 근육은 발을 위로 잡아당기고 발 자체 근육의 도움을 받아, 발가락을 곧게 편다. 이것은 앞으로 나아갈 때 발가락이 땅에 끌리지 않게 한다.

짧은발가락폄근은 발가락을 위로 구부린다.

긴발가락폄근의 힘줄은 종아리 근육으로, 발가락을 위로 당긴다.

활꼴동맥(궁상동맥)은 발등에서 곡선을 이루며 발가락으로 가는 가지를 낸다.

발허리뼈(중족골)는 몸무게를 분산하기 위해 힘줄과 인대로 연결되며 복원력을 지닌 활 모양을 하고 있다.

뼈사이근(골간근)은 뼈를 서로 멀어지게 한다.

정강뼈는 끝 부분이 커져 있 목말뼈와 발 관절을 이룬

큰두렁정맥은 발의 피를 모아서 보낸다.

지지띠(지대)는 긴 힘줄을 제 위치에 고정하는 띠다.

얕은종아리신경(천비골신경)은 피부와 발가락의 근육에 분포한다.

◀ 아킬레스힘줄

발목 뒤에서 쉽게 만져볼 수 있는 아킬레스힘줄(아킬레스건)은 종아리의 근육과 발꿈치뼈를 잇는 질긴 끈이다. 종아리 근육은 발끝으로 걷거나 설 때 발꿈치뼈를 당겨 발을 아래로 구부린다.

아킬레스힘줄(발꿈치힘줄)은 몸에서 가장 튼튼한 힘줄이다.

알고 있나요?

이 그림에서 그리스 신화에 나오는 님프인 테티스가 그녀의 아들 아킬레우스의 발꿈치를 잡고 스틱스 강의 마법의 물에 담그고 있다. 이렇게 하여 아킬레우스를 불사신으로 만들려고 했지만 손으로 잡고 있던 아킬레우스의 발꿈치는 담그지 못한다. 수년 후에 아킬레우스는 트로이 전쟁에서 발꿈치를 관통한 독화살에 목숨을 잃고 만다. 오늘날 사람들은 취약한 부분을 가리킬 때 '아킬레스건'이라고 빗대어 이야기한다.

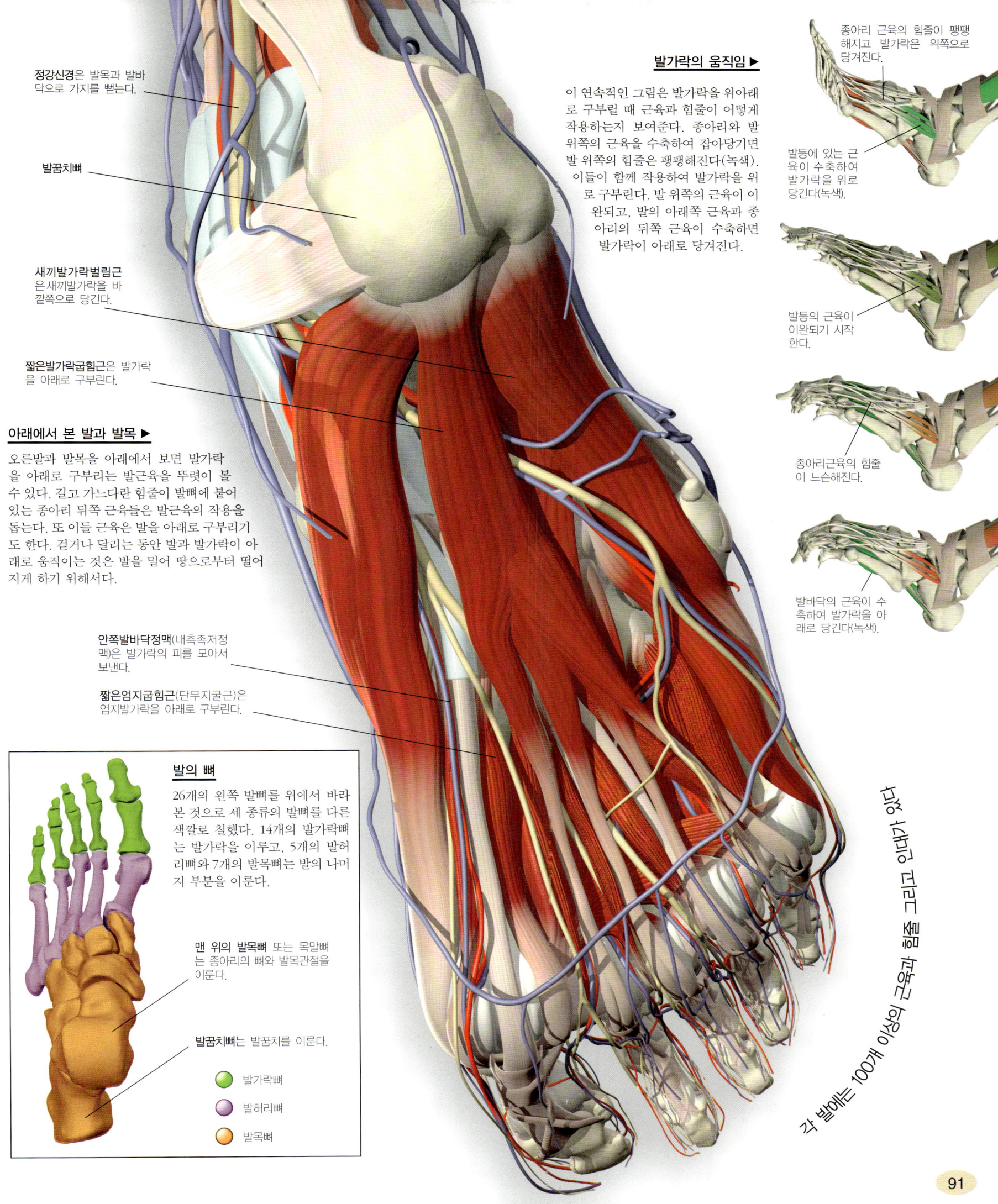

용어 해설

가로막(횡격막)
둥근 지붕처럼 생긴 판 모양의 근육으로 가슴과 배를 나누고, 호흡에 매우 중요한 역할을 한다.

가슴(흉부)
몸 한가운데에 있는 몸통의 윗부분으로 목과 배 사이에 있고, 심장과 폐가 들어 있다.

가슴안(흉강)
심장과 폐 그리고 다른 주요 핏줄이 있는 가슴의 안쪽 공간.

가슴우리(흉곽)
심장, 간, 신장 같은 가슴의 안에 있는 부드러운 기관을 보호하기 위한 뼈로 둘러싸인 벽.

가지돌기(수상돌기)
신경의 짧은 가지로 신경 전달 신호를 신경세포의 세포체에 전달한다.

감각기관
눈이나 귀처럼 몸의 안팎에서 일어나는 변화를 감지하는 수용기를 가지고 있는 기관으로, 우리가 보고 듣고 균형을 잡고 맛을 느끼고 냄새를 맡을 수 있게 해 준다.

계(系, system)
함께 일하며 특정한 기능을 수행하는 연결된 장기의 집단. 폐와 여러 가지 기도로 이루어진 호흡계를 예로 들 수 있다.

골격근
골격을 이루는 뼈에 붙어 있으며, 몸을 움직이는 근육이다.

골반
다리이음뼈, 엉치뼈, 꼬리뼈로 이루어진 그릇 모양의 뼈 구조이며, 다리를 몸에 붙여준다.

골반바닥근육(골반저근육)
골반의 아래쪽 입구를 막아 복부 기관을 지지하는 근육.

관자엽
양쪽 대뇌 반구를 각각 이루는 네 개의 엽 중 하나. 청각, 언어 그리고 기억을 관장한다.

관절
두 뼈가 만나는 골격계의 한 부분.

구멍(공)
뼈에 난 구멍으로 여기를 통해 핏줄이나 신경이 지나간다.

굽힘근(굴곡근)
두 뼈를 모아 관절을 구부리는 근육. 예를 들어 위팔두갈래근은 팔꿈치에서 팔을 구부린다.

근섬유
근육을 이루는 세포의 한 단위.

근육
몸을 움직이기 위해서 수축하는 기관.

기관(器官, organ)
두 개 이상의 서로 다른 조직으로 이루어진 몸의 한 부분으로, 몸에서 주된 역할을 한다. 심장이나 콩팥을 예로 들 수 있다.

기관(氣管)
후두에서 기관지까지 이어지는 얇은 벽을 가진 관으로 폐에 공기를 보낸다.

기관지
기관에서 뻗어 나온 두 개의 큰 가지로 폐와 연결되어 있는 관.

내분비선
부신처럼 호르몬을 생성하여 피로 배출하는 분비선.

넙다리뼈(대퇴골)
몸에서 가장 큰 뼈로 골반과 무릎 사이에 있다.

뇌신경
뇌줄기에서 나오는 12쌍의 신경.

뇌줄기(뇌간)
호흡이나 맥박과 같은 생명에 꼭 필요한 기능을 관장하는 뇌의 아래쪽 부분.

단백질
몸의 성장과 치유에 사용되는 영양소.

단핵구
이물질 알갱이를 포식하여 소화시켜 몸을 방어하는 커다란 백혈구의 일종.

대뇌
뇌의 가장 크고 복잡한 부분으로 사고, 감정, 운동을 조절하는 기능을 한다.

대동맥
가장 큰 핏줄로 심장의 왼쪽에서 시작하여 폐동맥을 제외한 모든 동맥에 산소가 풍부한 피를 공급한다.

대사 과정
몸속에 있는 세포 안에서 일어나는 모든 화학반응의 총합.

대사율
몸의 세포가 에너지를 사용하는 비율.

동맥
심장으로부터 멀리 피를 보내는 벽이 두꺼운 핏줄.

뒤통수엽(후두엽)
양쪽 대뇌 반구를 각각 이루는 네 개의 엽 중 하나. 시각중추가 있다.

림프
조직에서 모아져 림프계를 따라 흐르다가 피로 돌아가는 액체.

림프계
조직에서 남아도는 체액을 피로 보내고 감염에 저항하는 몸의 체계.

림프구
백혈구의 일종으로 면역계에서 핵심적인 역할을 한다.

마루엽(두정엽)
양쪽 대뇌 반구를 이루는 네 개의 엽 중 하나로 촉각, 통증, 온도에 대한 감각을 해석한다.

맛봉오리(미뢰)
맛을 감지하는 수용기로 혀의 표면에 있다.

머리뼈(두개골)
머리뼈의 위쪽에 둥근 지붕과 같이 생긴 부분으로 일곱 개의 서로 맞물린 뼈로 이루어지며, 뇌를 보호한다.

면역계
피 속에 있는 백혈구로 이루어진 방어체계와 병원체에 의한 감염으로부터 몸을 보호하는 림프계를 가리킨다.

모세혈관
매우 미세한 핏줄로 가장 작은 동맥과 가장 작은 정맥을 연결하여 조직에 있는 세포에 물질을 공급한다.

모음근(내전근)
몸 한가운데를 지나는 정중선 쪽으로 몸의 한 부분을 끌어당기는 근육.

목구멍(인두)
코안에서 목으로 내려가 식도에 이르는 관.

몸통(체간)
머리, 팔, 다리가 붙어 있는 몸의 한가운데 부분.

무기질
철분, 칼슘 등 건강을 유지하기 위해서 반드시 섭취해야 하는 20가지 성분.

문맥계
간문맥처럼 정맥이 하나의 기관에서 피를 받아 심장이 아닌 다른 기관으로 보내는 것을 가리킨다.

민무늬근(평활근)
방광이나 소장 같은 속이 빈 장기의 벽에 있으며 느리고 리듬 있게 수축하는 근육의 일종.

배(복부)
몸통의 아래쪽 부분으로 가슴과 골반의 사이에 있으며 위를 포함한 대부분의 소화기관을 포함하고 있다.

배설물
대장의 끝에서 몸밖으로 배출된 소화되지 않은 음식물, 죽은 세포, 세균 등으로 이루어져 있는 반고형의 폐기물.

벌림근(외전근)
몸 한가운데를 지나는 정중선으로부터 몸의 한 부분을 멀어지게 하는 근육.

법과학
법과 범죄활동의 조사에 응용되는 과학으로 법과학자는 범죄현장에서 얻은 지문이나 타액 등을 검사한다.

법조각술
조각가가 특정한 사람의 두개골을 가지고 원래의 외모를 복원하려고 시도하는 것.

병원균
세균과 바이러스처럼 질병을 일으키는 미생물.

용어 해설

합
리뼈와 골반을 이루는 뼈 사이에 움직이 없는 관절.

비샘(분비선)
르몬이나 땀과 같은 물질을 만들어 몸이나 몸밖으로 배출하는 조직 또는 장.

타민
타민 A와 비타민 C를 포함하여, 우리을 건강하게 유지하기 위해 음식물에주 적은 양이라도 꼭 들어가 있어야 하13가지 이상의 성분 중 하나.

수용기
에 있는 신경세포의 일종으로 빛을 감하면 신경 전달 신호를 뇌로 보낸다.

소
을 쉴 때 폐로 들어가는 공기 중에 있화합물로, 세포가 세포호흡을 하여 에지를 얻는 데 사용된다.

아질
단단하고 뼈와 같은 물질로 이와 이뿌리를 이루고 있다.

식세포
식기능에 관여하는 남성의 정자나 여의 난자.

모
포의 표면에서 솟아나 있는 매우 미세한 머리카락 같은 돌기.

유연골결합
뼈가 연골에 의해 연결되어 있는 것.

균(박테리아)
하나의 세포로 이루어진 미세한 생물체로 어떤 것은 사람의 몸 안에 살기도 하고, 어떤 것은 질병을 유발하기도 한다.

포
우리 몸을 이루는 작은 생명의 단위로 그수가 몇조에 이른다.

포체
신경세포(신경원)에서 핵을 포함하고 있는 부분.

포호흡
세포 안에서 일어나는 과정으로, 산소를 사용하여 포도당으로부터 에너지를 만들며 그 부산물로 이산화탄소가 생긴다.

손가락뼈
손가락을 이루는 뼈.

쇄골
팔이음뼈를 이루는 가느다란 뼈.

수용기
신경세포나 신경세포 돌기의 끝으로 소리나 빛 같은 자극이나 주위 환경의 변화에 반응한다.

수정
새로운 인간을 만들기 위해 남성의 생식세포와 여성의 생식세포가 합쳐지는 것.

수축
몸을 움직이기 위해 근육의 길이가 짧아지는 것을 가리킨다.

시상
회색질로 이루어진 신경조직의 구조로뇌의 안쪽 깊이 위치하며 감각 정보를 받아들여 통합한다.

시상하부
뇌하수체를 조절함으로써 신경계와 내분비계를 연결하는 뇌의 한 부분.

식도
음식물이 인두에서 위로 내려가는 근육으로 된 관.

신경
신경세포의 축삭이 모여 전선 같은 다발을 이룬 것으로 중추신경계와 몸 사이에 신경 전달 신호를 전달한다.

신경섬유
축색돌기의 다른 이름.

신경얼기(신경총)
신경섬유가 합쳐져 그물을 이루었다가 다시 분리되는 것.

신경원
신경계를 구성하는 서로 연결된 수십억 개의 신경세포로 구성된다.

신경 전달 신호
신경원(신경세포)을 따라 빠르게 이동하는 작은 전기 신호.

심방
심장의 윗부분에 있는 오른쪽과 왼쪽의 두 공간.

심실
심장의 아래쪽에 있는 오른쪽과 왼쪽의 두 공간.

심장근
근육의 하나로 심장에서만 발견되며 끊임없이 수축한다.

심혈관계
순환계라고도 하며, 심장, 피 그리고 광대한 핏줄의 그물로 이루어져 있다.

어깨뼈(견갑골)
어깨의 뒤쪽을 이루는 크고 납작한 뼈.

에나멜질
몸에서 가장 단단한 조직으로 주로 칼슘으로 이루어져 있으며, 이의 노출된 부분을 덮고 있는 얇고 단단한 층이다.

에너지
일을 하거나 몸을 움직이는 것과 같은 왕성한 활동을 할 수 있는 능력.

엑스선 촬영
몸의 구조 특히 뼈의 모습을 나타내는 촬영 기술. 일종의 방사선을 몸에 통과시켜 필름에 투사하여 만들어낸다.

연골
유연하고 질긴 골격조직으로 관절에서 뼈를 싸고 있으며 몸을 지탱한다.

연접
매우 근접해 있지만 닿지 않은 두 신경원의 연결.

영양분
몸이 제대로 기능하기 위해 섭취해야 하는 물질.

위팔뼈(상완골)
어깨에서 팔꿈치까지 뻗어 있는 팔의 긴 뼈.

윤활관절
무릎관절처럼 자유롭게 움직이는 관절로, 뼈 사이에 매끄럽게 해주는 윤활액이 차 있다.

융모
소장의 안쪽 벽에 나 있는 손가락 모양의 작은 돌기로, 소장의 표면적을 크게 만들어 영양분을 피로 흡수하는 데 중요한 역할을 한다.

이마엽(전두엽)
양쪽 대뇌 반구를 각각 이루는 네 개의 엽 중에서 가장 앞에 위치한 엽. 계획, 결정과 같은 고도의 정신활동을 관장한다.

이산화탄소
세포호흡의 부산물로 폐를 통해 밖으로 내쉬어지는 기체화합물.

이식
사망한 다른 사람의 건강한 조직이나 장기를 질병에 걸린 조직이나 장기와 바꾸는 것.

인대
뼈가 관절에서 만날 때 서로 붙잡아주는 질긴 띠 모양의 조직.

자외선(UV)
태양 광선에 섞여 있는 광선으로 과도하게 노출될 경우 몸에 해를 입을 수 있다.

전산화단층촬영(CT SCAN)
엑스선과 컴퓨터를 이용해 살아 있는 조직을 투시하는 영상 기술.

점액
호흡계와 소화계를 보호하고 매끄럽게 해주는 끈적끈적한 액체.

정맥
신체 조직에 있는 피를 심장으로 돌려보내는 얇은 벽으로 된 핏줄. 정맥에는 역류를 막기 위한 판막이 있다.

조임근(괄약근)
위에서 샘창자로 가는 통로 같은 몸에 있는 구멍을 둘러싸는 고리 모양의 근육. 열리거나 닫혀서, 위에서 나오는 음식물의 흐름을 조절하기도 한다.

조직
신경이 전달 신호를 운반하는 것 같이 특수한 기능을 수행하기 위하여 함께 활동하는 같거나 비슷한 세포의 집단.

중력
물체가 서로 끌어당기는 힘.

중추신경계
신경계의 일부로 뇌와 척수로 이루어져 있다.

옮긴이의 말

척수신경
척수에서 나오는 31쌍의 신경.

축색돌기
신경섬유라고도 하며, 신경 전달 신호를 빠른 속도로 멀리 전달하는 신경세포의 긴 끈과 같은 돌기.

침
침샘으로부터 분비된 물과 같은 혼합물로 입을 매끄럽고 깨끗하게 한다.

코안(비강)
숨쉴 때 공기가 흐르는 코 뒤쪽의 빈 공간.

큰포식세포(대식세포)
백혈구의 일종으로 병원체를 잡아먹으며 면역계에서 한 역할을 담당한다.

편도
목구멍의 입구를 둘러싸는 여섯 개의 작은 기관으로 음식물이나 공기를 통해 들어오는 병원균을 파괴한다.

폄근(신전근)
관절을 이루는 뼈들을 서로 멀어지게 하여 관절을 펴게 해주는 근육. 팔꿈치에서 팔을 곧게 펴는 위팔세갈래근을 예로 들 수 있다.

폐(허파)
흉강에 들어 있는 두 개의 푹신푹신한 호흡기관으로 피에 있는 이산화탄소를 제거하고 산소를 피에 공급한다.

폐동맥
산소가 부족한 피를 폐로 보내 산소를 공급해준다. 이와 달리 다른 동맥은 산소가 풍부한 피를 몸으로 보낸다.

폐정맥
산소가 풍부한 피를 폐로부터 심장으로 보낸다. 이와 달리 다른 정맥은 산소가 부족한 피를 심장으로 운반한다.

포식세포
큰포식세포와 같은 백혈구의 일반적인 이름으로 병원균을 찾아내어 파괴한다.

피(혈액)
물과 같은 액체에 수십억 개의 세포가 떠다니며 몸의 세포에 물질을 공급하고 감염으로부터 몸을 방어하는 붉은 액체.

핏줄(혈관)
피가 흘러다니는 살아 있는 세포로 이루어진 관.

해부학
인체의 구조를 연구하는 학문.

핵
세포를 만들고 유지하는 데 필요한 정보를 갖고 있는 세포의 지휘본부.

핵자기공명영상촬영(MRI)
자성, 전자파, 컴퓨터를 이용하여 몸의 내부의 영상을 만들어내는 촬영기술.

허파꽈리(폐포)
폐안에 있는 작은 공기 주머니로 이것을 통하여 호흡하는 동안 산소가 피로 들어가고 이산화탄소가 나오게 된다.

혀
움직임이 큰 근육으로 된 기관으로 입의 바닥에 붙어 있다. 맛을 보는 주된 장기이며, 말을 하는 데 사용되기도 한다.

호르몬
내분비선에 의해 피로 분비되는 물질로 목표가 되는 세포의 활동을 바꿔 화학전령자의 역할을 한다.

호산성백혈구
많은 효소 과립을 갖고 있는 백혈구의 일종으로 세균과 같은 외부 미생물에 대항한다.

호염기성백혈구
화합물이 든 과립으로 가득 차 있는 백혈구의 일종으로 미생물을 파괴한다.

호중성백혈구
백혈구의 가장 흔한 종류로 해로운 세균을 찾아내어 이들로부터 몸을 보호한다.

효소
음식물을 분해하는 것 같은 화학반응의 속도를 높이는 물질.

후두
점막으로 덮여 있는, 성대를 포함하고 있는 호흡기관의 한 부분.

힘줄(건)
근육을 뼈에 붙여주어 근육이 내는 힘을 전달하는 질긴 끈이나 판 모양의 구조.

우리 몸이 어떻게 생겼고, 어떤 일을 하는지에 대한 의문과 심은 항상 있었다. 하지만 이 책처럼 실제 몸을 생생하게 펼쳐 인 적은 없었다. 여기에는 고도로 발달된 현대 디지털 기술을 해 몸의 아주 작은 부분을 숨김없이 보여주는 사실적이고 깨끗 영상이 담겨 있다. 마치 눈앞에서 해부 실습이 이루어지는 듯 착각을 불러일으킨다. 피부에 와 닿는 쉬운 예를 들어 전문적 정보를 제공할 뿐만 아니라, 흥미로운 역사적 상식을 첨가하여 는 재미를 더했다. 이 책은 이 분야의 전문가라도 매혹되지 않 수 없게 만든다.

몸을 공부하는 학생은 물론 몸에 대한 관심은 많지만 해부학 두려움을 가지고 있는 사람들과 이제 막 그림만 알아볼 수 있 정도의 어린이까지, 이 책을 보는 모든 사람들은 우리 몸을 친숙하게 느끼게 될 것이다.

번역할 때 사용한 해부학적 구조에 대한 전문 용어는 대한해부 학회에서 제정한 대한해부학용어 제4판을 참고했으며, 최근에 정된 해부학 용어가 아직 완전히 알려지거나 사용되지 않고 있는 점을 감안하여 중요한 용어는 이전 용어를 병기하여 독자의 이해 를 높였다.

끝으로, 게으른 역자 대신 궂은일을 도맡아준 해나무 편집부에 게 감사를 전하고, 아쉬운 몇 번의 주말을 희생해준 우리 가족 명 희, 병준, 병현에게 깊은 사랑을 보낸다.

2007년 봄

김호정

찾아보기

―로막(횡격막) 45, 49~51, 60, 62
―슴 44~45, 51, 60
―슴샘(흉선) 18, 20~21
―지돌기(수상돌기) 14
―막 38~39
― 62, 64, 68~69
―문맥 68
―비뼈 10~11, 44, 46, 49, 58, 62
―각
  미각 34~35
  시각 38~39
  청각 36
  후각 34, 53
―염 20
―상샘 18
―막 39
―부 77
―첩관절 10, 88, 90
―환 19, 78~79
―창자(직장) 64~65, 70, 73
―반 10, 58, 72~73, 86
  근육 73, 83
  복강의 장기 63
  뼈 72, 82
  엉덩이 82
  핏줄 73, 83
―물수 11, 20
―막 38~39
―절 10~11, 55
  무릎관절 88
  발목 90
  어깨관절 53
  엉덩관절 82~83
  팔꿈관절 55
―광선 39
―귀 36~37
―귀밑샘 41
―귀인두관(중이관) 36
―귓바퀴 37
―균형 감각 37
―근육 12~13
  골반 73, 83
  눈 38
  다리와 발 12, 84~89
  등 59
  머리 32~33
  몸통 60~61
  발 89~91
  손 56~ 57
  심장 12, 46
  어깨 52~53

팔과 팔꿈치 54~55
글루카곤 19
기관(氣管) 41, 45, 48, 50
기관지 45, 48~51
기름샘(피지선) 22
기중기 54
꼬리뼈 72

ㄴ

난소 19, 76~77
난자 19, 76~78
남성 생식기 78~79
내분비계 18~19
넓적다리
  근육 84~87
  뼈대 10, 82, 85~86
넙다리네갈래근(대퇴사두근) 12, 84, 86~87
넙다리두갈래근(대퇴이두근) 12, 87
넙다리빗근(봉공근) 12, 83, 87
넙다리뼈(대퇴골) 10, 72, 82, 85~86, 88
노래하기 50
노뼈(요골) 10~11, 54
노쪽손목굽힘근(요측수근굴근) 13
뇌 14, 26, 28~29
  시각 38~39
  청각 36
  평형 감각 37
뇌줄기(뇌간) 26, 28
뇌하수체 18
눈 26, 38~39
눈물샘 38
눈확(안와) 30

ㄷ

다리
  근육 12, 84~89
  넓적다리 86~87
  무릎과 종아리 88~89
  뼈대 10, 88~89
  엉덩관절 82~83
다리와 발
  고관절 82~83
  근육 12, 84~89
  대퇴부 86~87
  무릎과 종아리 88~89
  뼈 10, 88~89
단단입천장(경구개) 40
달팽이관 36
달팽이관 이식수술 36

대뇌 28~29
대뇌피질 28~29
대동맥 16, 27, 45, 75
대정맥 16, 45, 75
동공 26, 39
동맥 16~17, 26~27
등 58~59
등뼈 10, 44, 58~61, 72
등세모근(승모근) 12
등자뼈 36
땀 23

ㄹ

림프계 20~21
림프구 16, 18, 20~21
림프절 20~21

ㅁ

막창자꼬리(충수돌기) 63, 65
망막 39
망치뼈(추골) 36
머리 25~41
  귀 36~37
  근육 32~33
  뇌 28~29
  눈 38~39
  머리뼈와 이 30~31
  입과 목구멍 40~41
  혀와 코 34~35
머리뼈 11, 26, 30~31
머리카락 22
멜라닌 22
멜라토닌 18
면역계 18, 21
모루뼈 36
모세혈관 16~17, 21, 50
목 27
목구멍 40~41
목빗근(흉쇄유돌근) 13
몸통
  가슴 44
  근육 60~61
  배 62~63
  척주와 등 58
무릎 10, 86, 88~89
무릎뼈(슬개골) 10, 88
문맥계 68
미각 34~35
미골 72
미생물 21~22, 67
미즙 66
민무늬근(평활근) 12

ㅂ

발 90~91
  근육 89~91
  뼈 10, 84, 90~91
  핏줄 89~90
발가락뼈 89~91
발꿈치힘줄(아킬레스힘줄) 84, 90
발목 10, 88~91
발톱 22~23, 57
방광 73~75, 77, 79
방광결석 74
배 60, 62~63
배곧은근(복직근) 12, 61
배란 76
배설물 65, 70~71
백혈구 16, 21
베살리우스 61
복막 63
복장뼈(흉골) 11, 44
볼기뼈절구(관골구) 72, 82
부갑상샘 18
부신 19
분비선 18~19
불임 76
비뇨기계 73~75
비장(지라) 20
비타민 68, 70
빗장뼈(쇄골) 44, 52
뼈대 10~11
  골반 72
  다리와 발 10, 88~89
  머리뼈 11, 26, 30~31
  발 10, 84, 90~91
  손 10, 57
  어깨 52~53
  어깨와 팔 10~11, 54~55
  엉덩이 82~83
  척주 58~59
뼈대근 12~13

ㅅ

산소
  심혈관계 16, 46~47
  호흡계 48~51
색깔보기 39
샘창자(십이지장) 65~ 66
생식계 73, 76~79
생식세포 76, 78
성대 41, 48, 50~51
세균 67~68, 70~71
세포 16, 48, 64, 68
소뇌 28

소화관 64, 66, 70
소화계 62, 64~71
  간과 쓸개주머니 68~69
  손 56~57
  뼈 10, 57
  위 66~67
  창자 70~73
손가락 57
손가락근육 56~57
손가락폄근(지신근) 12, 54
손목 56~57
손톱 22~23, 57
송곳니 31
송과샘 18
수정 78
수정체 38~39
순환계 16~17
스쿠버다이버 48
시각 38~39
시상 28
시상하부 18
식도 41, 64~65
신경계 14~15, 27
  뇌와 척수 28~29
  손 56~57
  신경종말 22
신경원 14
신장 19, 74~75
신체계 9~23
심방 46~47
심실 47
심장 45
  심혈관계 16~17, 46~47
  호르몬 18
심장근 12, 46
심장막 47
쓸개주머니 63~65, 68~69
쓸개즙 64~65, 68~69
씹기 32

ㅇ

아기 76~78
아드레날린 19
아인슈타인 28
아킬레스힘줄 84, 90
안장관절 11
앞니 31
어금니 31
어깨 52~53
어깨뼈 11, 52~53
어깨세모근(삼각근) 13
언어 48
얼굴표정 32~33

찾아보기

엉치뼈 58, 72
에나멜질 31
에스트로겐 19
여성 생식기 76~77
연골 34, 44, 55, 58, 88
연접 14
영장류 57
오줌 74~75
온도 16, 22, 78
요관 73~75
요도 74, 77, 79
운동 13
웃기 33
원숭이 53, 57, 73
월경주기 19, 76
위 19, 63~67
위궤양 67
위액 64, 66~67
위팔두갈래근(상완이두근) 13, 52, 55
위팔뼈(상완골) 11, 52~55
위팔세갈래근(상완삼두근) 13, 55
윤활관절 55
융모 71
음경 79
음경꺼풀(포피) 79
음낭 78~79
이 27, 30~31, 35, 64
이마근 13
이산화탄소 48~50

이자 19, 64~65, 71
인대 39, 72, 82~83, 88
인슐린 19
임신 63
입 40~41, 64
입술 33, 40~41
입천장 36, 40
잇몸 31

ㅈ

자궁 63, 73, 76~77
자궁관 77~78
자뼈 10~11, 54
자외선 22
작은어금니(소구치) 31
작은창자 19, 63~66, 70~71
장딴지근 12, 84
적혈구 16
전립샘 79
절구공이관절 11, 53, 72, 83
정강뼈 10, 84, 88~90
정맥 16~17, 26~27
종아리근육 88
종아리뼈 10, 84, 89
주름창자 70~71
중력 85
중쇠관절 11
중추신경계 15
지방 소화 69
지방층 23
진피 22~23

질 76~77
질병 21~22

ㅊ

창자 19, 63~66, 70~71
척골 10~11, 54
척수 14, 27~29
척주 10, 44, 58~59, 61, 72
척추 10, 44, 58~61, 72
천골 58
천재 28
청각 36
청각장애 36
촉각 수용기 22, 35, 57
축색돌기(축삭) 14
출생 72, 76~77
침 40~41
침샘 35, 41, 64~65

ㅋ

칼슘 18
케라틴 22
코 34~35, 40, 49
코뼈 30
코안(비강) 30, 34, 40
콩팥 19, 74~75
큰가슴근(대흉근) 13
큰볼기근(대둔근) 12, 85, 87
큰어금니(대구치) 31
큰포식세포(대식세포) 20~21

큰창자 63~65, 70~71

ㅌ

타액 40~41
타원관절 10
턱 27, 30, 31, 35
털주머니(모낭) 22
테스토스테론 19
통각 수용기 22, 35

ㅍ

팔 54~55
 관절 52, 55
 근육 12~13
 뼈 10~11, 54~55
팔꿈치 10, 54~55
편도 20, 40~41
평면관절 10
평형 37
폐 17, 45, 48~51
폐기물 75
 배설물 65, 70~71
 오줌 74~75
표피 22~23
프로게스테론 19
피
 간 68
 림프계 21
 신장 75

심혈관계 16~17
피부 22~23
피지선 22
핏줄 16~17, 22
가슴 45
간문맥계 68
골반 73, 83
다리 88~89
발 90
손 56~57
심장 46~47
어깨 52

ㅎ

항문 77~79
햄스트링근육 84, 87
허파꽈리 50~51
헬리코박터피로리 67
혀 34~35, 48, 64~65
혈소판 16
호르몬 18~19, 76
호중성백혈구 16
호흡 48~51
호흡계 48~51
홍채 26, 38~39
효소 64~65, 67, 71
후각 34~35
후두 41, 48, 51
후두덮개 48
흉부 44~45, 51, 60
힘줄 56~57, 89~91

도판의 출처

The publisher would like to thank the following for their kind permission to reproduce their photographs:
Abbreviations key: t-top, b-bottom, r-right, l-left, c-centre, a-above, f-far

13 Getty Images: The Image Bank/Ellen Schuster (br). 19 Corbis: David Butow (br). 20 Science Photo Library: Francis Leroy, Biocosmos (tl). 22 Science Photo Library: Steve Gschmeissner (bl). 23 Science Photo Library: Mauro Fermariello (br). 28 Corbis: Bettmann (br). 31 Science Photo Library: Michael Donne, University of Manchester (br). 36 Science Photo Library: James King-Holmes (br). 38 Science Photo Library: (br). 46 Corbis: K.J. Historical (br). 48 Corbis: Stephen Frink (bl). 49 Corbis: George D.Lepp (bl). 50 Corbis: Reuters/Stefano Rellandini (bl). 53 Corbis: D. Robert & Lorri Franz (cr). 54 Zefa Visual Media: Sagel & Kranefeld (br). 59 Corbis: Sean Aidan; Eye Ubiquitous (tr). 63 Corbis: Bettmann (br). Science Photo Library: Paul Whitehill (br). 66 Corbis: Bettmann (bl). 67 Science Photo Library: P. Hawtin, University of Southampton (tr). 69 Science Photo Library: J.L. Martra, Publiphoto Diffusion (tr). 71 Corbis: Duomo (br). 74 Science Photo Library: (bl). 76 Science Photo Library: National Library of Medicine (bl). 78 Science Photo Library: Professors P.M. Motta and J. Van Blerkom (tr); Zephyr (bl). 82 Science Photo Library: BSIP (cl). 86 Corbis: Reuters (br). 87 NASA: (br). 89 Corbis: Duomo (cf). 90 The Picture Desk: The Art Archive/Galleria Nazionale Parma/Dagli Orti (A) (br).

All other images © Dorling Kindersley.
For further information see: www.dkimages.com

The publisher would also like to thank CG Anatomy Images: Simon Barrick, Joe Barrow, Richard Wilson, Nik Clifford, Fiona Morgan, Giles Lord, and Michael Jones. For Dorling Kindersley: Jacqui Swan, Spencer Holbrook, Joe Conneally, Andrea Mills, and Julie Ferris.